心灵与外部世界的有意义巧合

共时性

C. G. Jung

Synchronicity

An Acausal Connecting Principle

[瑞士] 卡尔·荣格 ———— 著　　张卜天 ———— 译　　浙江文艺出版社

果麦文化 出品

目录

前言 001

第一章 阐释 003

第二章 一个占星学实验 061

第三章 共时性观念的先导 101

第四章 结论 131

附录 论共时性 155

前言

撰写这篇论文,可以说兑现了我多年以来一直缺乏勇气兑现的一项承诺。对我来说,这个问题及其表述太过困难;若非肩负着巨大的思想责任,我是不可能去处理这个问题的;从长远来看,我的科学训练太过不足。如果说我现在不再犹豫,终于开始与这个问题角力,那主要是因为我关于共时性现象的经验在过去几十年里成倍增加;此外,我对象征史尤其是鱼象征史的研究,使这个问题离我越来越近;最后是因为20年来,我一直在我的作品中断断续续地暗示这种现象的存在,却没有进一步讨论它。我想暂时结束这种令人不满的状况,试着对我在这个问题上的看法做出一致的说明。如果我对读者无偏见的思想和善意提出了不同寻常的要求，我希望读者不会将其视为我的放肆和傲慢。读者不仅需要潜入晦暗、可疑和充满偏见的人类经验领域，而且在探讨和阐释如此抽象的主题时，必定会涉及许多思想上的困难。读者阅读几页之后就会看到，对于这些复杂的现象，我们不可能做出完整的描述和解释，而只能试图揭示这个问题的各个方面和联系，开辟一个非常模糊但对于世界观至关重要的领域。作为精神病学家和精神治疗医师，我常常遇到相关现象，并深信它们对于人类的内在经验有多么重要。在大多数情况下，人们都因为害怕遭到轻率的嘲笑而不去谈论这些东西。我惊讶地发现，许多人都有这样的经历，并且小心翼翼地保守这个秘密。因此，我对这个问题的兴趣既有科学基础，也有人文基础。

在撰写本文的过程中，我得到了文中提到的许多朋友的支持。在这里，我要特别感谢利莉亚娜－弗赖－罗恩（Liliane Frey-Rohn）博士在占星学材料方面的帮助。

荣格

1950 年 8 月

阐释

第 一 章

正如我们所知，现代物理学的发现给我们的世界科学图景带来了重大变化，因为这些发现动摇了自然定律的绝对有效性，使之成为相对的。自然定律是**统计**真理，这意味着只有当涉及宏观物理量时，它们才是完全有效的。在很小的量的领域，预测即使不是不可能，也会变得不确定，因为很小的量不再符合已知的自然定律。

我们自然定律概念背后的哲学原则是**因果性**。但如果事实表明，因果关联只在统计上有效，而且只是相对为真，那么在解释自然过程时，因果原则就只有相对的用处，从而预先假定了解释所必需的一个或多个其他因素的存在。也就是说，在某些情况下，事件之间的关联也许不是因果关联，而是需要另一种解释原则。

如果我们在宏观物理世界四处寻找非因果事件，必定会一无所获，原因很简单：我们无法想象非因果关联的、能够做出非因果解释的事件。但这并不意味着此类事件不存在。它们的存在——或至少是它们的可能性——可以根据统计真理的前提逻辑地推导出来。

科学方法针对的是规律性事件，就其实验方法而言，针对的则是可重复的事件。独特或罕见的事件由此被排除在外。此外，实验对自然施加了限制条件，因为实验的目的就是强迫自然回答人所提出的问题。因此，自然的每一个回答或多或少都会受到所问问题的影响，结果总是一种混合产物。在此基础上建立的所谓"科学世界观"只不过是一种带有心理偏见的片面观点，它忽略了所有无法从统计上进行把握的绝非不重要的方面。然而，要想把握这些独特或罕见的事件，我们似乎要依赖于同样"独特"和个别的描述。这将导致一系列杂乱无章的新奇事物的出现，就像那些古旧的博物学展柜，里面鳞次栉比地摆放着装在瓶子里的化石、解剖的怪物、独角兽的角、曼陀罗草、侏儒和干制的美人鱼标本等等。描述性科学，尤其是最广义的生物学，都很熟悉这些"独特"的标本：只需**一个**样本，无论多么令人难以置信，就能证实这种生物的存在。无论如何，许多观察者都会基于自己亲眼所见的证据相信这种生物确实存在。但如果我们讨论的是短暂的事件，除了给人们的脑海留下支离破碎的记忆外，这些事件没有留下任何明显的痕迹，那么单一的见证者就不够了，甚至多个见证者也不足以使某一独特的事件显得绝对可信。我们只需想一下见证者那些极不可靠的证词。在这种情况下，我们必须弄清楚这个看似独特的事件在我们记录的经验中是真的独特，还是在其他地方也能找到相同或相似的事件。在这里，一致同意（consensus omnium）在心理上发挥着至关重要的作用，尽管从经验上看，这有些可疑，因为事实证明，只有在特殊情况下，一致同意才对确立事实有价值。经验主义者不会不考虑它，但最好不要依赖它。绝对独特的短暂事件永远不会成为经验科学的对象，因为我们无法否认或证明这些事件的存在；倘若存在足够数量的可靠的个别观察，罕见事件则完全可以成为经验科学的对象。这种事件的所谓**可能性**并不重要，因为在任何时代，可能性的标准都源于该时代的理性主义假设。不存在任何"绝对"的自然定律，让人们能够诉诸其权威来支持自己的偏见。可以合理要求的最多是，个别观察的数量要尽可能多。如果从统计上看，这个数量落入了偶然概率的范围，那么虽然我们已经从统计上证明，它与偶然有关，但我们并没有给出**解释**。这条规则只有一个例外。例如，当情结征兆数量低于联想试验期间所预期的可能干扰数量时，不能以此为理由认为该情结不存在。但这并不妨碍之前把反应干扰视为偶然。

尽管在我们所处的领域，尤其是在生物学中，因果解释往往看起来非常不令人满意——事实上几乎不可能——但我们这里关注的并非生物学问题，而是是否存在某个一般领域，在这个领域中，非因果事件不仅是可能的，而且被发现是实际事实。

现在，在我们的经验中有一个无限广阔的领域，其范围仿佛与因果性领域势均力敌。这就是**偶然**的世界，在这个世界里，某个偶然事件与同时发生的事件似乎并没有因果关联。因此，我们不得不对偶然的本质和整个概念做出更仔细的考察。我们说，很明显，偶然必定能够容许某种因果解

在我们的经验中
有一个无限广阔的领域,

其范围仿佛与因果性领域势均力敌。
这就是偶然的世界。

释，它之所以被称为"偶然"或"巧合"，仅仅是因为它的因果性没有被发现或者尚未被发现。我们对因果律的绝对有效性有着根深蒂固的信念，所以我们认为对偶然的这种解释是恰当的。但如果因果原则只是相对有效，那么即使绝大多数偶然事件都可以得到因果解释，也仍然会有一些事件是非因果性的。因此，我们面临的任务是对偶然事件进行筛选，将非因果事件与那些可以做因果解释的事件区分开来。毫无疑问，可以做因果解释的事件数量将远远超过那些疑似非因果的事件，因此，肤浅或有偏见的观察者也许很容易忽视相对罕见的非因果现象。一旦我们开始处理偶然问题，就必须对相关事件进行**定量**评估。

如果没有区分的标准，就不可能对经验材料进行筛选。既然显然不可能对所有偶然事件的因果性进行考察，我们又如何来识别事件的非因果关联？回答是，在我们进一步思考之后觉得似乎无法设想因果关联的地方，最有可能出现非因果事件。兹举一例，"病例重复"是每一位医生都熟知的现象，偶尔会有三次甚至更多重复次数，以至于保罗·卡默勒*会谈到"序列法则"（law of series），并且给出了一些很好的例子。在大多数这样的情况下，巧合事件之间甚至没有丝毫的因果关联。例如，我的电车票号码与我随后购买的电影票号码完全相同，当天晚上我还接到一个电话，对方提到的电话号码再次与这个号码相同。于是在我看来，这些事件之间极不可能有因果关联，尽管很显然，每一个事件都必定有其自身的因果性。另一方面，我知道，偶然事件有一种落入"非定期组合"（aperiodic groupings）的趋势——这是必然的，因为否则将只存在定期或规律性排列的事件，那么根据定义就排除了偶然。

卡默勒认为，虽然偶然事件的"序列"或相继并不依赖于一个共同原因的运作，即它们是非因果的，但它们仍然是惯性或持续性的表达。他将"同一事件并行"的同时性解释为"模仿"。这里他是自相矛盾的，因为偶然事件的序列并没有"被移到可解释的领域之外"，而是正如我们所预期的，

---

* 保罗·卡默勒（Paul Kammerer，1880—1926），与荣格同时代的奥地利生物学家，因遗传与进化研究知名。——如无特别说明，本书脚注均为编者注

被包含在其中，因此即使不能归结为一个共同的原因，至少也可以归结为若干个原因。他的"序列性""模仿""吸引"和"惯性"概念属于一种以因果方式构想的世界观，这些概念只不过是在告诉我们，偶然事件的序列符合统计的和数学的概率。卡默勒的事实材料只包含偶然事件的序列，其唯一的"法则"就是概率；也就是说，他没有任何明显的理由在事件背后寻求其他任何东西。但由于某种模糊不清的原因，他确实在事件背后寻求某种超出了概率的东西——一条**序列性法则**，他希望将其作为一条与因果性和目的性共存的原则引入进来。正如我所说，这种趋势绝不能由他的材料得到证明。为了解释这种明显的矛盾，我只能假定他对事件的一种非因果的安排和组合有一种模糊但迷人的直觉。这也许是因为，他和所有深思而敏感的人一样，逃脱不了偶然事件序列通常给我们留下的奇特印象，因此，他按照自己的科学倾向，在概率范围内的经验材料的基础上大胆假设了一种非因果的序列性。不幸的是，他并未尝试对该序列性进行定量评估。这样做无疑会引发一些很难回答的问题。个案研究对于总体定位很有帮助，但在处理偶然事件时，只有定量评估或统计方法才能奏效。

至少对我们目前的思维方式而言，偶然事件的组合或序列似乎是毫无意义的，而且总体上属于概率的范围。然而，有些事件的"偶然性"似乎值得怀疑。举一个例子，我在 1949 年 4 月 1 日记录如下：今天是星期五。我们午餐吃鱼。碰巧有人提到"四月鱼"这一愚人节习俗。那天上午，我记录了一段铭文，内容是："人从底部到中间全是**鱼**（Est homo totus medius piscis ab imo）。"下午，我多月未见的一名患者给我看了她在此期间画的几幅令人印象深刻的鱼。当天晚上，有人给我看了一幅刺绣，上面绣着像鱼一样的海怪。4 月 2 日早上，另一名多年未见的患者给我讲了她做的一个梦，梦中她站在湖边，看到一条大鱼直直地游向她，"落"在她脚边。当时我正在研究历史上鱼的象征，在这里提到的人当中，只有一个人知道这件事。

怀疑这是一种**有意义的巧合**，即一种非因果关联，是很自然的。我必须承认，这一连串事件给我留下了深刻的印象。在我看来，它似乎有某种神秘的特质。在这些情况下，我们会倾向于说"这不可能仅仅是偶然"，但不知道我们到底想说什么。这里卡默勒无疑让我想起了他所谓的"序列性"。然而，印象的力量并不能否证所有这些鱼只是偶然的巧合。无可否认，鱼的主题在24小时内重复出现了不下6次，这非常奇怪。但务必记得，鱼在星期五是很常见的事，而在4月1日，人们也很容易想起"四月鱼"。当时我研究鱼的象征已有数月，鱼作为无意识内容的象征频繁出现。因此，除了偶然事件的组合外，没有理由认为它是任何别的东西。由极为普通的事件所组成的序列必须暂时被视为偶然的。无论其范围有多广，都必须排除它们是非因果关联。因此，一般认为所有巧合都是幸运的命中，并不需要非因果的解释。只要没有证据表明它们的发生率超出了概率的界限，就可以认为而且必须认为这一假设是正确的。但如果存在这样的证据，就同时证明了，的确存在着非因果的事件关联，要想对此做出解释，就必须假设一个与因果性不可公度的因素。于是我们就不得不认为，一般来说，事件一方面是作为因果链而彼此关联的，另一方面也是被一种**有意义的横向联系**联结起来的。

这里，我想请大家注意叔本华的一篇论文——《论个人命运的貌似蓄意设计》(*On the Apparent Design in the Fate of Individual*),这篇论文其实是我正在这里提出的观点的前身。它讨论的是"**非**因果关联事件的同时性,我们称之为'偶然'"。叔本华用一种地理学类比来说明这种同时性:经线被视为因果链,而纬线则代表经线之间的横向联系。

> 因此,一个人生命中的所有事件都处于两种根本不同的关联中:首先在客观层面,是自然过程的因果关联;其次是主观层面的关联,这种关联只与经验它的个体有关,因此和他自己的梦一样主观。……这两种关联同时存在,而同一事件,尽管是两个完全不同的链条中的一环,却在两个链条中按部就班地进行,因此一个人的命运总是与另一个人的命运相配合,每个人都是自己戏剧中的主人公,同时又在另一部对他来说陌生的戏剧中扮演角色——这超出了我们的理解力,只有借助于最美妙的前定和谐才能被认为是可能的。

在他看来,"伟大的生活之梦的主体……只有一个",那就是先验的**意志**，第一因（prima causa）。所有因果链都从这里辐射出来，就像经线从两极辐射出来，并因圆形的纬线而彼此存在一种有意义的**同时性关系**。叔本华相信自然过程的绝对决定论，进而相信第一因。这两种假设都没有任何根据。第一因是一个哲学神话，只有当它同时以"一和多"这个古老悖论的形式出现时才是可信的。只有当第一因的"一"真正被确定下来时，因果链或经线中同时的点表示有意义的巧合这种观点才可能成立。但如果第一因是"多"（这也是可能的），那么叔本华的整个解释就会土崩瓦解，尽管我们最近才意识到，自然定律只具有统计上的有效性，从而为非决定论敞开了大门。无论是哲学思考还是经验，都无法为这两种关联的规律性发生提供任何证据，在这两种关联中，同一事物既是主体又是客体。在叔本华思考和写作的时代，因果性作为一个先验范畴占据主导地位，因此必须被用来解释有意义的巧合。但正如我们所看到的，只有当我们求助于另一个同样武断的假设，即认为第一因是"一"时，才能在一定程度上做到这一点。如此，经线上的每一点与同一纬度上的其他每一点**必定**处于一种有意义的巧合关系中。然而，这一结论远远超出了经验上可能的范围，因为它认为有意义的巧合发生得如此规律和系统，以至于对它们进行验证要么是不必要的，要么是世界上最简单的事情。叔本华的例子和其他例子一样可信或不可信。不过值得称赞的是，他看到了这个问题，并且意识到不存在轻巧的特设性（ad hoc）解释。由于这个问题关系到我们的认识论基础，他根据其总的哲学倾向，从一个先验前提，即从**意志**导出了这个问题，这个意志在各个层面创造出生命和存在，并且调节每一层面，使之不仅同与之同步平行的圈层协调对应，而且以**命运**或**天意**的形式准备和安排未来的事件。

与叔本华式的悲观主义相反，这句话有一种我们今天很难感同身受的近乎友好和乐观的基调。世界史上最丰富多彩也最令人忧虑的一个世纪将我们与那个仍然是中世纪的时代分隔开来，那时具有哲学头脑的人相信可以做出超出经验证据的断言。那是一个目光远大的时代，人们并不认为科学道路的建设者们暂时停止的地方就是自然的界限。于是，叔本华凭借真正的哲学眼光开辟了一个反思领域，他虽然还没有充分理解其独特的现象学，但做出了几乎正确的概述。他认识到，凭借预兆和预言，占星学和解释命运的各种直观方法都有一个共同特征，他试图通过"先验思辨"来发现这一特征。他还正确地认识到，这与一个最高级的原则问题有关。这不同于他之前和之后的所有人，他们要么对某种能量传递抱有徒劳的想法，要么为了避免太过困难的任务而径直将整件事当作无稽之谈。叔本华的尝试更加引人注目，因为它是在自然科学的巨大进展使每个人都相信因果性本身可以被视为最终的解释原则时做出的。正如我们所看到的，他并没有忽视所有那些拒绝向因果性至高无上的统治低头的经验，而是试图将这些经验纳入他决定论的世界观。在此过程中，他将预兆（prefiguration）、联应（correspondence）和前定和谐（pre-established harmony）等概念（这些概念作为一种与因果秩序共存的普遍秩序，一直是人类自然解释的基础）强行纳入因果框架，这也许是因为他（正确地）觉得，基于自然定律的科学世界观（尽管他并不怀疑其有效性）缺乏某种在古代和中世纪的观点中扮演重要角色的东西（就像它在现代人的直觉中也扮演着重要角色一样）。

格尼（Gurney）、迈尔斯（Myers）和波德莫尔（Podmore）

收集的大量事实启发了另外三位研究者——达里埃（Dariex）、里歇（Richet）和弗拉马里翁（Flammarion）——用概率演算的方法来解决这个问题。达里埃发现，心灵感应对死亡的预知概率为 1∶4114545，这意味着，将预知死亡解释为"心灵感应"或非因果的有意义巧合的可能性要比将其解释为"偶然"的可能性高 400 多万倍。天文学家弗拉马里翁甚至计算出，一个看得特别清楚的"活人幽灵"的事例发生的概率为 1∶804622222。他也第一次将其他可疑事件同人们对与死亡有关的现象的普遍兴趣联系起来。例如，他说他在撰写一本关于大气的书时，突然一阵风将所有文稿都从桌上刮了下来，吹到了窗外，当时他正在撰写有关风力的章节。他还引用了福吉布先生（Monsieur de Fortgibu）和李子布丁的有启发意义的故事*作为三重巧合的例子。他都是在联系心灵感应问题时提到了这些巧合，这表明弗拉马里翁对一种全面得多

---

* 法国诗人埃米尔·德斯尚普（Émile Deschamps）曾在不同时间、不同地点三次偶遇福吉布先生，每次都与李子布丁有关。第一次是德斯尚普儿时，福吉布先生请他吃李子布丁；第二次是十年后，德斯尚普在巴黎一家餐厅里想点李子布丁，却发现最后一份被福吉布先生点走了；第三次是多年后，德斯尚普在一次聚会上再次吃到李子布丁，他提到如果福吉布先生在场就完美了，结果福吉布先生正好误入了这个聚会。

的原则有着独特的直觉，尽管这种直觉是无意识的。

作家威廉·冯·舒尔茨（Wilhelm von Scholz）收集了一些故事，显示丢失或被盗的物品如何以奇特的方式回归原主。其中一个故事是，一位母亲在黑森林给她的小儿子拍了一张照片，随后她将胶卷留在斯特拉斯堡进行冲洗，但由于战争爆发，她无法取回，只好作罢。1916年，她在法兰克福买了一盒胶卷，为在此期间出生的女儿拍照。胶卷冲洗出来之后，她发现已经曝光过两次：下面的图像竟然是她1914年给儿子拍的照片！老胶卷尚未冲洗，不知何故又被当作新胶卷出售了。作者由此得出一个可以理解的结论，即一切都指向"相关事物的吸引力"。他怀疑，这些事件的安排就像是一个"对我们来说不可知的，更大、更全面的意识"的梦。

赫伯特·西尔贝雷（Herbert Silberer）从心理学角度探讨了巧合问题。他表明，看似有意义的巧合其实部分是无意识的安排，部分是无意识的任意解释。他既没有考虑超心理学现象，也没有考虑共时性，理论上他也没有超越叔本华的因果主义。尽管西尔贝雷对我们评估巧合的方法做出了有价值的心理学批判，但他的研究并没有对真正的有意义巧合的发生给出提示。

直到最近，主要是通过莱因（J. B. Rhine）及其同事的实验，才在充分的科学保障下为事件的非因果组合的存在提供了决定性的证据。不过，他们还没有意识到从他们的发现中可以得出意义深远的结论。到目前为止，人们还没有针对这些实验提出任何无法反驳的批判性论证。这个实验大体上是这样的：主试接连翻开一些带有简单几何图案的编号卡片。受试与主试由一个屏幕隔开，当卡片翻开时，受试需要猜测卡片上的图案。卡片共有 25 张，每 5 张有相同的图案。5 张卡片是星形，5 张是方形，5 张是圆形，5 张是波浪线，5 张是十字形。主试自然不知道卡片的排列顺序，受试也没有机会看到卡片。其中许多实验都是否定性的，因为结果是受试猜中的卡片数目没有超过偶然猜中的概率，即没有超过 5。但也有一些受试，其结果明显高于这个概率。第一组实验是，每位受试可以试猜卡片 800 次。平均结果显示，25 张卡片中有 6.5 张被猜中，这比偶然猜中的概率 5 高 1.5。与 5 有 1.5 的偶然偏差的概率为 1∶250000。这个比例表明，偶然偏差的概率并不高，因为预计每 250000 个事例中只有 1 例有这个偶然偏差。结果因受试的天赋而异。有一个年轻人在许多次实验中，每25张卡片平均猜中10张（是偶然猜中的概率的两倍），有一次甚至猜中了全部25张卡片，这种全部猜中的概率为1∶298023223876953125。一种独立于主试的自动洗牌装置可以避免人为干扰的可能性。

做完第一组实验之后，主试与受试的**空间距离**增加到250公里。在这种情况下，许多实验的平均结果是每25张卡片猜中10.1张。在另一组实验中，主试与受试身处同一个房间，结果是每25张卡片猜中11.4张；当受试在隔壁房间时，结果是每25张卡片猜中9.7张；相隔两个房间时，结果是每25张卡片猜中12.0张。莱因提到了厄舍（F. L. Usher）和伯特（E. L. Burt）的实验，在这些实验中，主试与受试相距1344公里，结果也是肯定性的。借助于同步时钟，在大约相距5600公里的北卡罗来纳州的达勒姆与南斯拉夫的萨格勒布之间也进行了实验，结果同样是肯定性的。

原则上，距离并没有产生什么影响，这一事实表明，我们讨论的**不可能是力或能量的现象**，因为否则的话，所要克服的距离和空间中的传播会使效果减弱，而且不难确定，猜中的数目会随着距离的平方而成比例地减小。由于事实显然并非如此，我们只能假定距离的影响会随心灵而变化，在某些情况下甚至会因某种心灵状态而减少到零。

更加值得注意的是，原则上**时间**也不起阻碍作用，也就是说，如果先看一下未来所要翻开的卡片，那么所得出的结果会超出偶然猜中的概率。莱因的时间实验结果显示，概率为1∶400000，这意味着很可能有某个独立于时间的因素存在。换句话说，它们指向了**时间的心灵相对性**，因为实验涉及的是对尚未发生的事件的感知。在这些情况下，时间因素似乎已经被一种心灵功能或心灵状态所消除，而这种心灵功能或心灵状态也能消除空间因素。如果在空间实验中，我们不得不承认能量不会随距离而减少，那么时间实验则使我们完全不可能设想感知与未来事件之间有任何能量关系。我们必须从一开始就放弃用能量进行解释，也就是说，不能从**因果性**的角度来考虑这类事件，因为因果性预设了空间和时间的存在，所有观察最终都基于**运动物体**。

在莱因的实验中，我们还必须提到骰子实验。受试的任务是掷骰子（由一个装置来完成），同时希望一个数（比如

3）尽可能多地出现。这个所谓心灵致动（psychokinetic 或 PK）实验的结果是肯定性的，而且一次使用的骰子越多，结果就越是肯定性的。如果空间和时间被证明与心灵相关，那么运动物体就必定拥有或服从一种相应的相关性。

在所有这些实验中，一个贯穿始终的经验是，进行第一次尝试之后，受试的猜中数会开始下降，结果也会变成否定性的。但如果由于某种内在或外在的原因，受试的兴趣有所恢复，则猜中数会再次升高。缺乏兴趣和无聊是不利因素，而热情、正向期待、希望和相信超感知觉（extrasensory perception 或 ESP）的可能性则会改善结果，因此以上似乎是决定有无结果的真正条件。在这方面，有趣的是，著名英国灵媒艾琳·J. 加勒特夫人（Mrs. Eileen J. Garrett）在莱因的实验中取得了糟糕的结果，因为正如她本人所承认的，她无法对没有灵魂的测试卡片产生任何感觉。

这少许线索也许足以让读者对这些实验有一种至少肤浅的了解。心灵研究协会已故主席蒂勒尔（G. N. M. Tyrrell）的一部著作对这一领域的各种经验做出了很好的总结。作者本人也为超感知觉研究做出了巨大贡献。在一篇题为《超感知觉——事实还是幻想？》（*ESP—Fact or Fancy?*）的文章中，罗伯特·A. 麦康奈尔（Robert A. McConnell）从物理学家的角度对超感知觉实验（ESP experiments）做出了正面评价。

可以理解，人们已经做了各种可能的尝试来解释这些近乎奇迹的完全不可能的结果。但所有这些尝试都因为到目前为止尚不能被否证的事实而失败了。莱因的实验使我们面对这样一个事实，即：存在一些**在实验上**彼此关联（也就是说，是**有意义地**彼此关联）的事件，但无法证明这种关联是因果关联，因为实验中的"传递"没有表现出任何已知的能量特征。因此，有充分的理由怀疑这是否与传递有关。事实上，时间实验已经在原则上排除了任何这样的事情，因为假定一种尚不存在、未来才会发生的状况能够作为一种能量现象传递给当前的受试，是荒谬的。科学解释似乎更有可能一方面始于对我们空间和时间概念的批判，另一方面始于无意识。正如我所说，根据我们目前的手段，不可能将超感知觉即有意义的巧合解释成一种能量现象。这也排除了因果解释的可能性，因为"作用"只可能被理解成能量现象。因此，它不可能与原因和结果有关，而只能与相同时间中的一起发生，即一种**同时性**有关。由于同时性的这个特征，我选择了"共时性"（synchronicity）一词来指称一个与因果性同等级的假设性因素作为解释原则。在我的文章《论心灵的本质》（*On the Nature of the Psyche*）中，我把共时性描述为一种由心灵决定的空间和时间的相对性。莱因的实验表明，相对于心灵，空间和时间在某种程度上是"有弹性的"，因为它们似乎可以任意减小。在空间实验中，空间几乎可以减小到零，在时间实验中，时间也几乎可以减小到零，就好像空间和时间依赖于心灵状况，它们本身并不存在，而只是被意识所"设定"似的。在原初的世界观中，就像我们在原始人那里看到的那样，空间和时间的存在是非常可疑的。只是在心智发展过程中，它们才成为"固定"的概念，这在很大程度上要归功于测量的引入。就其本身而言，空间和时间**并不包含任何东西**。它们是由意识的分辨活动而产生的实体化概念，构成了描述运动物体行为所不可或缺的坐标。因此，**空间和时间本质上起源于心灵**，这可能是促使康德将其视为先验范畴的原因。但如果空间和时间仅仅是运动物体的表观属性，并且是由观察者的理智需求产生出来的，那么它们被心灵状况相对化就不再令人惊讶，而是完全可能的。当心灵观察**自身**而不是外部物体时，这种可能性就会显现出来。这正是莱因实验中发生的事情：受试的回答并非源于其对物理卡片的观察，而是源于纯粹的想象，也就是源于"偶然"念头，这些念头揭示了产生它们的那种东西（无意识）的结构。这里我只想指出，正是无意识心灵的决定性因素，即所谓的**原型**，构成了集体无意识的结构。集体无意识代表一种在所有人那里都相同的"心灵"。与可感知的心灵现象不同，它无法被直接感知或"描述"，因其"不可描述"性，我称之为"类心灵"（psychoid）。

原型是负责组织无意识心灵过程的形式因素：它们是"行为模式"。同时，它们具有一种"特定的能量"，也就是说，它们会产生神秘的作用，这些作用表现为**情感**。情感会导致"精神水平的部分降低"，因为虽然它使特定的内容变得异乎寻常地清晰，但它也从其他可能的意识内容中提取了如此多的能量，以致这些意识内容变得黑暗，并最终变成无意识的。情感的这种意识降低作用，会导致与其持续时间相对应的方位降低，而这种降低又使无意识有机会进入空出的空间。于是我们经常发现，意想不到的或以其他方式被抑制的无意识内容会找到突破，并通过情感表达出来。这些内容往往是低级或原始的，从而泄露其原型起源。正如我将进一步表明的，同时性或共时性的某些现象似乎与原型密切相关。这就是我在这里提到原型的原因。

动物非凡的空间定位也可以表明空间和时间的心灵相对性。例如，在这方面也许可以提到矶沙蚕*令人困惑的时间定位，其充满精子和卵子的尾部总是在 10 月和 11 月下弦月的前一天出现在海面上。其中一个原因据说是此时月球引力所引起的地球加速度。但出于天文学的理由，这种解释不可能正确。人的月经周期无疑与月亮的运行有关，但这种关系只是在数值上与后者相关联，实际上并没有与之同时发生，也没有证据表明两者曾经同时发生过。

*　　　*　　　*

---

*　一种海洋环节动物，主要分布在热带和亚热带的海域，尤其是在珊瑚礁区域。

自20多岁以来，共时性问题一直困扰着我，那时我正在研究集体无意识现象，经常碰到一些无法被解释为偶然组合或"序列"的关联。我所发现的是一些"巧合"，它们是如此有意义地关联在一起，以至于它们"偶然"同时发生实在是极不可能。例如，我想提到我自己观察到的一件事。我正在治疗的一位年轻女士在治疗的某一关键时刻做了一个梦，梦见**有人送给她一块金色的圣甲虫形宝石**。她向我讲述这个梦时，我正背对着关闭的窗户坐着。突然，我听到身后传来一阵轻轻的敲击声。我转过身，看到一只飞虫正在外面敲打着窗玻璃。我打开窗户，在它飞进来时抓住了它，原来是一只普通的玫瑰金龟子，在我们生活的纬度，它是与金色圣甲虫最为相似的东西。与通常的习性相反，它在那一刻明显想闯入黑暗的房间。必须承认，无论是此前还是之后，这样的事情从未发生在我身上，在我的经历中，患者的这个梦一直是独一无二的。

我还想提到另一个例子，它是某一类事件的典型案例。我有一名50多岁的患者，他的妻子曾经告诉我，她母亲和祖母去世时，许多鸟儿聚集在死者房间的窗外。我也从其他人那里多次听到类似的故事。治疗接近尾声时,她丈夫的神经症已经痊愈,但又出现了一些看似轻微的症状,而在我看来,这是心脏病的征兆。我把他送到一位专家那里,那位专家给他检查后写信告诉我不用担心。在这次诊疗回来的路上,我的这名患者倒在了路上,口袋里还揣着诊疗报告。当他奄奄一息地被送回家时,他的妻子已经非常焦虑了,因为在她丈夫去看医生之后不久,一大群鸟儿落在了他们房子上。她自然想起了自己亲人过世时发生的类似的事情,担心有最坏的情况发生。

虽然我与相关人士都很熟悉,很清楚这里报告的都是事实,但我丝毫不认为这会使任何决意将这些事情视为纯粹"偶然"的人改变看法。我之所以讲述这两件事,仅仅是为了显示有意义的巧合通常如何呈现于现实生活中。在第一个例子中,由于主要目标对象(金龟子和圣甲虫)近乎相同,有意义的关联是显而易见的;而在第二个例子中,死亡和鸟群似乎没有什么共同之处。但如果我们想到,在巴比伦的冥府中,灵魂都穿着"羽毛装",而在古埃及,ba(或者说灵魂)被认为是一只鸟,那么假定也许有某个原型象征在这里起作用，也不算太牵强。如果这样的事情被梦到，就可以考虑用心理学来解释。第一个例子似乎也有一个原型基础。正如我已经提到的，这是一个极难治疗的病例，在那个梦出现之前，治疗几乎毫无进展。我应该解释一下，造成这种情况的主要原因是我这名患者的男性意象（animus）*，它深受笛卡尔主义哲学的影响，过分执着于自己的实在观念，以至于三位医生的努力——我是第三位——都没能削弱它。显然，这里需要某种非理性的东西，而我没有能力产生它们。单单是这个梦就已经稍稍动摇了这名患者的理性主义态度。而当"圣甲虫"在现实中从窗户飞进来时，她的自然本性得以冲破其男性意象的铠甲，转变过程终于开始了。态度的任何本质变化都意味着心灵的更新，这种更新通常会伴随着患者梦境和幻想中的重生象征。圣甲虫就是重生象征的一个经典例子。古埃及的《冥界之书》描述了死去的太阳神如何在第十站变成了圣甲虫凯普里（Khepri），然后在第十二站登上驳船，驳船将恢复活力的太阳神送到清晨的天空。这里唯一的困难

---

* 荣格心理学中的一个重要概念，指女性潜意识中的男性特质或男性原型。

是，对受过教育的人来说，潜在记忆往往无法被确定地排除（尽管我的患者并不知道这个象征）。但这并不能改变一个事实，即心理学家经常碰到的一些例子，如果不假设集体无意识，就无法解释相似象征的出现。

因此，有意义的巧合——区别于无意义的偶然组合——似乎建立在**原型的基础上**。至少在我的经验中，所有例子都显示出这种特征，而且这样的例子非常多。我在前面已经指出了这意味着什么。任何人只要拥有这一领域的经验，都不难识别出其原型特征，但他会发现很难将它们与莱因实验中的心灵状况联系起来，因为后者并不包含原型群集的直接证据，情感状况也与我的例子有所不同。但首先要指出的是，莱因的第一组实验总体上产生了最好的结果，然后很快就不那么好了。而当人们对这个（本身很无聊的）实验产生新的兴趣时，结果又会改善。由此可见，情感因素发挥着重要作用。然而，情感在很大程度上依赖于本能，而本能的形式方面就是原型。

我的两个例子与莱因实验之间还有一种心理学上的相似，尽管并不那么明显。这些表面上完全不同的情况都有一个共同特征，那就是某种**不可能性**。梦到圣甲虫形宝石的患者处于一种"不可能的"状况，因为治疗已经陷入困境，似乎找不到出路。在这种情况下，如果患者足够认真，就可能出现原型的梦，这些梦指出了人们永远也想不到的前进可能性。正是这种状况使原型非常有规律地群集。因此，在某些例子中，心理治疗师认为自己有义务去发现患者的无意识正在导向的那个无法用理性解决的问题。一旦发现这个问题，无意识的更深层次即原始意象就会被激活，人格的转变就可以发生了。

在第二个例子中存在着半无意识的恐惧和致命的威胁，但对当时的情况不可能有足够的认识。在莱因的实验中，是任务的"不可能性"最终使受试的注意力指向了自己的内心过程，从而使无意识有可能显示自身。超感知觉实验所设定的问题从一开始就有一种情感效应，因为这些问题假定某种不可知和不可认识的东西是潜在可知和可以认识的，从而认真考虑了奇迹的可能性。无论受试最终持有什么样的怀疑态度，这种暗示都会使受试无意识地愿意见证奇迹，并且希望（这种希望潜藏在所有人心中）这样的事情可能发生。即使是思想最开通的人，原始迷信也隐藏在其表面之下，而且恰恰是那些最反对原始迷信的人最先受制于其暗示性的影响。因此，当一个具有科学权威的严肃实验触及这种意愿时，将会不可避免地产生一种情感，要么欣然接受这种意愿，要么强烈拒绝这种意愿。无论如何，情感期待都以这样或那样的形式存在，即使可能遭到否认。

这里，我想提醒大家注意"共时性"（synchronicity）这一术语可能引起的误解。我之所以选择这个术语，是因为在我看来，两个有意义但无因果关联的事件同时发生是一个本质标准。因此，我是把广义的共时性概念用在了狭义上，即具有相同或相似含义的两个或多个无因果关联事件的同时发生，而"同时性"（synchronism）则仅指两个事件的同时发生。

因此，共时性意指某种心灵状态与一个或多个外部事件同时发生，这些事件显示为与瞬间主观状态的有意义的平行，（在某些情况下）反之亦然。我的两个例子以不同方式说明了这一点。在圣甲虫的例子中，同时性是显而易见的，而在第二个例子中却没有那么明显。鸟群固然引起了一种模糊的恐惧，但对此可以做因果解释。患者的妻子当然事先意识不到我那种担忧和恐惧，因为那些症状（喉咙痛）不会让外行觉得有什么严重问题。然而，无意识往往比有意识知道得更多，在我看来，这位女士的无意识可能已经嗅到了危险。因此，如果我们把一种有意识的心灵内容，比如死亡危险的想法排除在外，那么鸟群（就其传统含义而言）与她丈夫的死亡之间就存在一种明显的同时性。如果我们不考虑可能但无法证明的无意识冲动，那么心灵状态似乎依赖于外部事件。然而，就鸟群落在她家房上并且被她看到而言，她的心灵已经卷入其中。于是在我看来，她的无意识很可能已经群集起来了。鸟群本身具有一种传统的预言意义。这一点在这位女士自己的解释中也很明显，因此，鸟群似乎代表一种无意识的死亡预兆。浪漫主义时代的医生可能会谈论"共感"或"磁性"。但正如我所说，除非允许做出离奇荒谬的特设性假说，否则这些现象无法得到因果解释。

正如我们所看到的，将鸟群解释为预兆乃是基于之前两次类似的巧合。当祖母去世时，这种解释还不存在。那时，巧合只表现为死亡和鸟儿的聚集。无论在那时还是母亲去世时，巧合都是显而易见的。而在第三个例子中，只有当垂死的男子被送回家时，才能认为巧合得到了证实。

我之所以提到这些复杂情况，是因为它们对共时性概念至关重要。让我们再举一个例子：我的一个熟人在梦中看到并且经历了**他一个朋友的突然横死及其特殊细节**。做梦者当时在欧洲，他的朋友在美国。第二天早上，一封电报证实了死亡的噩耗；又过了十天，一封信证实了那些细节。比较欧洲时间和美国时间可以发现，死亡至少发生在做梦前一个小时。做梦者那天睡得很晚，直到大约凌晨一点才睡着。那个梦发生在凌晨两点左右。因此，梦的体验与死亡**并非同步**（not synchronous）。这种经验经常发生在紧要事件前后不久。邓恩（J. W. Dunne）* 曾经提到一个特别有启发性的梦，这个梦发生在 1902 年春，当时他在布尔战争中服役。梦中，他似乎站在一座火山上。这是一座岛屿，他曾经梦到过，也知道它可能会遭受灾难性的火山喷发（就像喀拉喀托火山！）。

---

* 约翰·威廉·邓恩（John William Dunne，1875—1949），英国航空工程师、哲学家，其著作《时间实验》（*An Experiment with Time*）提出了关于时间和意识的"序列主义"理论。

他惊恐万状，想要拯救岛上的 4000 名居民。他试图让邻近岛屿的法国官员动员一切船只进行营救。这时梦里开始出现四处奔逃、你追我赶、未准时到达等典型的噩梦主题，他脑海中一直萦绕着这样一句话："4000 人丧生，除非……"几天后，邓恩随邮件收到一份《每日电讯报》，并且看到了以下标题：

马提尼克火山爆发

城镇被抹平

大火熊熊燃烧

可能 40000 多人丧命

这个梦并非发生在实际灾难那一刻，而是发生在刊登这则消息的报纸快要送到他家时。阅读过程中，他还把 40000 误读为 4000。这个错误作为记忆扭曲现象（paramnesia）被固定下来，以致每当他讲述这个梦时，总是说 4000 而不是 40000。直到 15 年后抄写这篇文章时，他才发现自己的错误。其无意识的知识也和他一样犯了同样的阅读错误。

在消息传来之前不久他就梦到了相关内容，这种事情时有发生。我们经常梦到某个人，没过多久我们就收到了他的来信。我知道有好几次，当梦发生时，信已经在收件人的邮筒里了。我自己也有读错的经历。1918年圣诞节期间，我正专注于研究奥菲斯教，尤其是马拉拉斯（Malalas）书中提到的奥菲斯教残篇，书中把原始的光（Primordial Light）称为"墨提斯（Metis）、法涅斯（Phanes）和厄利克帕奥（Ericepaeus）的三位一体"。我一直把文本中的Ericepaeus读作Ericapaeus。（事实上，两种读法都出现过。）这种误读被作为记忆扭曲现象固定下来，后来我一直把这个名字记成"Ericapaeus"，直到30年后才发现，马拉拉斯的文本中写的是"Ericepaeus"。就在这个时候，我的一名患者（我已经一个月没见她了，她对我的研究也一无所知）做了一个梦，梦见一个陌生人递给她一张纸，上面写着一首"拉丁文"赞美诗，题献给一位名为"Ericipaeus"的神。她醒来以后把这首赞美诗写了下来，它使用的是拉丁语、法语和意大利语的特殊混合体。这位女士略懂拉丁语，对意大利语懂得更多一点，法语则说得很流利。她对"Ericipaeus"这个名字一无所知，这并不奇怪，因为她对古典作品毫无了解。我们两座城镇相距约 50 英里，我们之间也已经有一个月没有联系了。奇怪的是，她读错的元音正是我所读错的元音，我是把 e 读成了 a，而她则无意识地把 e 读成了 i。我只能假设，她无意识"阅读"的不是我的错误，而是包含着拉丁文拼写"Ericepaeus"的文本，她似乎被我的误读所扰乱。

共时性事件依赖于**两个不同心灵状态的同时发生**。其中一个是正常的、可能的状态（可以做因果解释），另一个则是无法从前一状态因果地导出的状态，即关键经验。在那个突然死亡的例子中，关键经验不能直接被认出是"超感知觉"，而只能事后被证实。然而，即使在"圣甲虫"的例子中，直接经验到的也是一种心灵状态或心灵意象，它与梦的意象的区别仅仅在于，它可以直接得到证实。在鸟群的例子中，那位女士有一种无意识的激动或恐惧，**我**对此当然是有意识的，并因此把这名患者送到了心脏病专家那里。在所有这些例子中，无论是空间的超感知觉还是时间的超感知觉，我们都会发现正常状态或普通状态与另一种状态或经验的同时性，后者不能从前者因果地导出，其客观性只能事后得到证实。在涉及未来事件时，我们尤其要记住这个定义。它们显然不是**同步的**（synchronous），而是**共时的**（synchronistic），因为它们作为心灵意象是**当下**被经验的，就好像客观事件已经存在了一样。**一种与某个客观外部事件直接或间接相关的出乎意料的内容与普通的心灵状态相一致**，这就是我所谓的共时性。而且我认为，我们正在讨论类别完全相同的事件，无论其客观性显示为在空间上还是时间上与我的意识相分离。这一观点得到了莱因实验结果的证实，因为空间和时间并没有影响共时性，至少原则上是如此。作为运动物体的概念坐标，空间和时间也许归根结底是同一的（这就是为什么我们会谈论或长或短的"时间间隔"[space of time]）。斐洛（Philo Judaeus）很久以前就说过，"天界运动的延展就是时间"。空间中的共时性也可以理解成时间中的感知，但值得注意的是，把时间中的共时性理解成空间的并不那么容易，因为我们无法想象一个空间，使未来的事件可以客观地存在于其中，并且可以通过减少这一空间距离而被经验到。但经验已经表明，在某些条件下，空间和时间可以几乎减少到零，所以因果性也会消失，因为因果性与空间和时间的存在以及物体的变化相关联，它本质上就在于原因和结果的相继发生。于是从原则上讲，共时性现象不能与任何因果性概念联系在一起。因此，有意义的巧合因素之间的关联必须被认为是非因果的。

这里，由于缺乏可证明的原因，我们很可能情不自禁地假设一个**先验的原因。但"原因"只能是一个可证明的量。**"先验的"原因是一个自相矛盾的说法，因为任何先验的东西根据定义就是不可证明的。如果我们不想冒险假设非因果性，那么唯一的选择就是把共时性现象解释为纯粹的偶然，而这将使我们与莱因的超感知觉发现以及超心理学文献中所报道的其他经过充分证明的事实发生冲突。否则我们不得不做出前面描述的那种反思，对我们解释世界的原则进行批判，即只有在不考虑心灵状况的情况下对空间和时间进行测量时，空间和时间在某一特定系统中才是常量。这是科学实验中经常发生的事情。但在没有实验限制的情况下观察一个事件时，观察者很容易进入某种情绪状态，这种情绪状态会在"收缩"的意义上改变空间和时间。每一种情绪状态都会带来意识的改变，雅内（Janet）称之为"精神水平的降低"，也就是说，意识有某种收缩，无意识也有某种增强，甚至连外行也能注意到这一点，特别是在情感强烈的情况下。无意识的基调被提高，从而使无意识流向了有意识。这样一来，有意识就受到无意识的本能冲动和内容的影响。这些本能冲动和内容通常是**情结**，而情结最终基于原型，也就是说，基于"本能模式"。然而，无意识也包含**下意识的感知**（以及当时无法重现，也许以后也无法重现的被遗忘的记忆意象）。在下意识内容中，必须把知觉与我所说的一种无法解释的"知识"或"存在"区分开来。感知可以与低于意识阈值的可能的感觉刺激有关，而无意识意象的这种"知识"或"存在"却要么没有可识别的基础，要么与某些业已存在的（往往是原型的）内容有可识别的因果关联。**但这些意象，无论是否根植于业已存在的基础，都与同它们没有可识别甚至可想象的因果关联的客观事件存在一种类似的或相似的（有意义的）关系。**当所需的能量传递过程甚至无法想象时，一个遥远的时空事件又如何能够产生相应的心灵意象呢？无论这看起来多么令人费解，我们最终不得不假设，某种类似于先验知识的东西，或者说，没有任何因果基础的事件的"存在"，存在于无意识中。无论如何，我们的因果性概念无法解释这些事实。

鉴于这种复杂的情况，重述一下前面讨论的论点也许是值得的，最好是借助于我们的例子。在莱因的实验中，我假设，由于受试的紧张期待或情绪状态，一种业已存在、正确但无意识的结果意象将使受试的意识能够获得比偶然猜中的概率数更多的数目。那个圣甲虫的梦是一种有意识的表象，它源于对第二天所要发生的状况（对梦的讲述以及玫瑰金龟子的出现）的一种无意识的、业已存在的意象。死去患者的妻子对她丈夫即将到来的死亡有一种无意识的认识。鸟群唤起了相应的记忆意象，从而唤起了她的恐惧。同样，与朋友的横死几乎同时发生的梦也源于一种业已存在的对它的无意识认识。

在所有这些以及其他类似的例子中，似乎都存在一种先验的、无法做因果解释的对当时未知状况的认识。因此，共时性由两个因素组成：**（1）一种无意识的意象以梦、念头或预感的形式直接（照字面地）或间接地（象征性或暗示性地）进入意识；（2）有一个客观状况与这一内容相符。**这两个因素同样令人费解。无意识的意象是如何产生的，这种相符又是如何发生的？我非常理解为什么人们宁愿怀疑这些事情的真实性。这里我只提出问题，后面我会尝试做出回答。

关于情感对共时性事件的发生所起的作用，我想说，这不是一个新观点，阿维森纳（Avicenna）和大阿尔伯特（Albertus Magnus）已经清楚地知道这一点。大阿尔伯特曾说：

> 我在阿维森纳的《论灵魂或自然之事第六卷》（*Liber sextus naturalium*）中看到了一段很有启发性的［关于魔法的］论述，其中说，人的灵魂中存在某种改变事物的力量，这种力量能将其他事物置于灵魂的控制之下，尤其是当灵魂陷入极度的爱或恨或诸如此类的情感时。因此，当一个人的灵魂陷入过度的激情时，可以通过实验证明，这种［过度］将事物［魔法性地］结合在一起，并以它想要的方式改变它们。很长一段时间以来我都不相信这一点，但在读了黑魔法著作以及其他关于星座和魔法的书之后，我发现，人类灵魂的情感性乃是所有这些事情的主要原因，无论这是因为灵魂以其巨大的情感改变了自己的身体物质以及努力追求的其他东西，还是

因为灵魂凭借其尊严使其他较低的事物从属于自己，抑或是因为恰当的时间、星象位置或另一种力量与如此过度的情感相合，我们［因此］相信这种力量的作用是由灵魂完成的。……任何想了解产生和毁灭这些事物的秘密的人都必须知道，任何人在陷入过度的情感时，都可以魔法般地影响一切事物。……他必须在过度的情感降临在他身上的那一刻行事，并按照灵魂的规定去做。于是，由于灵魂是如此渴望它想产生的事物，它会主动抓住更重要、更好的决定性时刻，该时刻也会支配更适合此事的事物。……因此，是灵魂更强烈地渴望事物，是灵魂使事物变得更有效力，更像出现的东西。……这就是灵魂强烈渴望的一切事物的产生方式。灵魂带着这个目的所做的一切都具有灵魂所渴望的动力和效力。

这段话清楚地表明，共时性的（"魔法的"）事件被认为依赖于情感。自然地，大阿尔伯特按照他那个时代的精神，通过假设灵魂中存在一种魔法能力来解释这一点，而没有考虑灵魂过程本身要和预示着外部物理过程的巧合意象一样得到"安排"。这种意象源于无意识,因此属于那些"独立于我们的思考"。在阿诺德·赫林克斯(Arnold Geulincx)看来,这些思考是由上帝引发的,而不是源于我们自己的思考。歌德同样以"魔法"方式来思考共时性事件。例如,他在与埃克曼(Eckermann)的对话中说:"我们内部都有某种电力和磁力,在接触相似或不相似的东西时,我们会像磁石一样运用吸引力或排斥力。"

在这些一般性的考虑之后,让我们回到共时性的经验基础问题上。这里的主要困难是,获取经验材料并从中得出比较确定的结论。不幸的是,这个困难并不容易解决。这里涉及的经验并非现成。因此,如果想拓宽我们对自然的理解基础,就必须探入最隐蔽的角落,鼓起勇气打破我们这个时代的偏见。当伽利略用望远镜发现了木星的卫星时,他立即与同时代那些带有偏见的学者发生了正面冲突。没有人知道什么是望远镜以及它能做什么。之前从未有人谈论过木星的卫星。当然,每个时代都会认为以前的所有时代都带有偏见,今天,我们更是这样认为,这和以前这样认为的所有时代一样错误。我们难道不是经常看到真理受到谴责吗?人类并没

如果想拓宽我们对自然的理解基础，
就必须探入最隐蔽的角落，

鼓起勇气打破我们这个时代的偏见。

有从历史中学到任何东西，这很可悲，但是事实。一旦我们开始收集经验材料，使这个晦暗的主题变得更清楚一些，这个事实就会向我们展示极大的困难，因为我们肯定会在所有权威都向我们保证什么东西也找不到的地方发现它。

对引人注目的个别情况的报道，无论经过多么好的认证，都是无益的，最多会让人觉得报道者是一个轻信的人。即使是对大量此类事件的认真记录和验证，比如格尼、迈尔斯和波德莫尔的研究，也几乎没有给科学界留下任何印象。绝大多数"专业"心理学家和精神病学家似乎对这些研究一无所知。

*　　　*　　　*

超感知觉实验和心灵致动实验的结果为评估共时性现象提供了统计学基础，同时指出了心灵因素所扮演的重要角色。这一事实促使我思考一个问题：是否可能找到一种方法，一方面能够证明共时性的存在，另一方面能够揭示心灵内容，这些心灵内容至少能让我们了解所涉及的心灵因素的本质。换言之，我问自己，是否有一种方法既能产生可测量或可计算的结果，同时又能让我们洞悉共时性的心灵背景。我们已经从超感知觉实验中看到，共时性现象存在某些基本的心灵条件，尽管超感知觉实验本质上仅限于巧合的事实，只强调其心灵条件而没有对它做进一步阐明。我很久以前就知道存在某种直觉的或"占卜"的方法，它从主要心灵因素出发，并把共时性的真实性视为不言自明的。因此，我首先把注意力转向中国所特有的从直觉上把握整体的技巧，即《易经》。与受希腊教育的西方思维不同，中国思维并非为了细节本身而把握细节，而是将细节视为整体的一部分。显然，这种认知操作对于纯粹理智来说是不可能的。因此，判断必须更多地依赖意识的非理性功能，即依赖于感觉和直觉（一种主要通过下意识内容进行的感知）。《易经》是从整体上把握情况从而将细节置于阴阳的宇宙框架之中的已知最古老的方法之一，我们可以称之为中国古典哲学的实验基础。

显然，这种对整体的把握也是科学的目标。但这必然是一个非常遥远的目标，因为科学会尽可能地通过实验来进行，而且在所有情况下都会依照统计的方式。而实验则在于提出一个明确的问题，它会尽可能排除任何干扰的、无关的因素。实验会设定一些条件，将其强加于自然，并以这种方式迫使自然回答人设计出来的问题。自然被禁止就其完整的可能性进行回答，因为这些可能性受到了尽可能的限制。于是在实验室中，一种局限于这个问题的情况被人为地制造出来，以迫使自然给出尽可能明确的回答。不受限制的完整自然的运作被完全排除在外。如果我们想知道这些运作是什么样的，就需要一种探究方法，它会施加尽可能少的条件，或者如果可能，不施加任何条件，然后让完整的自然来回答。

在实验室的实验中，已知的既定程序构成了从统计上对结果加以收集和比较的稳定因素。而在直觉的或"占卜"的整体实验中，不需要任何问题来设置条件和对自然过程的整体性进行限制。自然有一切可能的机会来表现自己。在《易经》中，钱币以恰好适合自己的方式落下和滚动。从观察者的角度来看，对于一个未知的问题，给出的是一个理性上无法理解的回答。就此而言，对于整体反应，条件是完全理想的。但缺点也显而易见：与科学实验不同，我们不知道发生了什么。为了克服这一缺点，公元前 12 世纪的两位中国先贤，文王和周公，基于万物一体的假说，试图把心灵状态与物理过程的同时发生解释为**意义对等**（equivalence of meaning）。换句话说，他们假定同一存在既表现于物理状态，又表现于心灵状态。然而，为了验证这一假说，在这个看似没有限制的实验中需要**某个**限制条件，即一套形式明确的物理过程，也就是一种迫使自然以偶数和奇数做出回答的方法或技巧。这些东西作为阴和阳的代表，即作为一切发生之事的"母"和"父"，以典型的对立形式存在于无意识中和自然中，因此构成了心灵的内部世界与物理的外部世界的中间参照体（tertium comparationis）。于是，这两位先贤发明了一种方法，能将内部状态表示为外部状态，或将外部状态表示为内部状态。这自然预设了对每一种卦象的含义有一种（直觉）认识。《易经》包含 64 卦，对 64 种可能的阴阳组合的含义都做出了解释。这些解释表述了与当下意识状态相对应的内在无意识认识，而这种心灵假设又与该方法的偶然结果，即钱币的下落或蓍草的偶然排列所产生的偶数或奇数相一致。

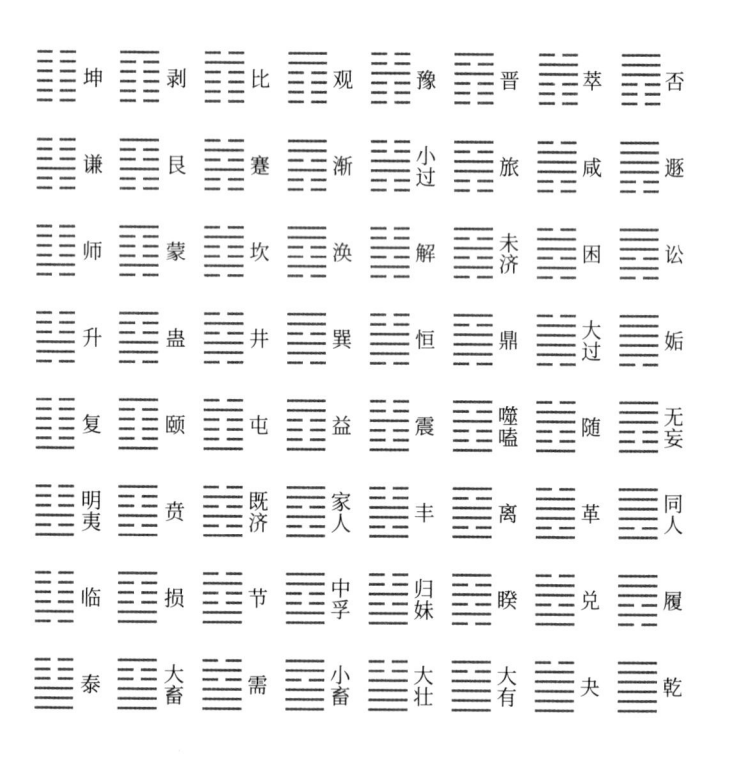

坤	剥	比	观	豫	晋	萃	否
谦	艮	蹇	渐	小过	旅	咸	遯
师	蒙	坎	涣	解	未济	困	讼
升	蛊	井	巽	恒	鼎	大过	姤
复	颐	屯	益	震	噬嗑	随	无妄
明夷	贲	既济	家人	丰	离	革	同人
临	损	节	中孚	归妹	睽	兑	履
泰	大畜	需	小畜	大壮	大有	夬	乾

《易经》中的六十四卦

与所有占卜的或直觉的技巧一样，这种方法同样基于非因果的或**共时性关联的**原则。任何不带偏见的人都会承认，实际的实验过程中会出现许多明显的共时性事例，人们可能会理性地、有些随意地将其解释为仅仅是投射。但如果假定它们真的就是看起来的样子，那它们就只能是有意义的巧合，而据我们所知，对于这种巧合给不出因果解释。这种方法要么是把49根蓍草任意分成两堆，并以3和5为单位对其进行计数，要么是投掷3枚钱币6次，卦的每一爻都由正面和反面的值所决定（正面3，反面2）。该实验基于一项三合一原则（两个卦），包含64种变化，每种变化都对应一种心灵状况。卦辞和爻辞对这些内容都有详细讨论。西方也有一种非常古老的方法，它基于与《易经》相同的一般原则，唯一的区别在于，在西方的方法中，这一原则不是三合一的，而是**四合一的**，结果也不是由阴爻和阳爻组成的卦，而是由奇数和偶数组成的16个四元组，其中12个四元组按照一定的规则排列成占星学的十二宫。实验基于由随机数目的点组成的4×4条线，发问者在沙子上或纸上从右到左标记出这些点。在真正的西方方法中，所有这些因素的组合要比《易经》里的详细得多。这里也有许多有意义的巧合，但它们一般更难理解，因此不如《易经》的结果清楚明白。自13世纪以来，这种被称为"地卜术"（Ars Geomantica）或"点数占卜术"（Art of Punctation）的西方方法广为流行。这种方法并无详尽的评注，因为它的用途只是占卜，从来不像《易经》的用途那样有哲学性。

虽然这两种程序的结果都指向了所期望的方向，但它们并没有为精确理解提供任何依据。于是，我开始寻找另一种直觉技巧，便碰到了**占星学**，至少现代形式的占星学声称可以对人的性格做出相对整体的刻画。占星学领域并不缺乏评注，事实上，评注的数量多得令人眼花缭乱，这表明，对占星学的解释既不简单也不确定。我们所寻找的有意义的巧合在占星学中显而易见，因为占星学家说，天文数据与个人的性格特征相对应；从远古时代起，各种行星、宫位、黄道带和相位都有固定的意义，这些意义可以充当性格研究或解释特定情况的基础。人们总是有可能反驳说，结果并不符合我们对所讨论情况或性格的心理学认识。我们也很难反驳这样一种断言，即性格知识是一种很主观的事情，因为在性格学中，没有任何绝对无误的、可靠的、可以测量或计算的特征；这一反驳也适用于笔迹学，尽管它在实践中得到了广泛认可。

这种批评，加上缺乏确定性格特征的可靠标准，使得占星学所要求的天宫图结构与个人性格之间有意义的巧合似乎并不适用于这里的讨论。因此，要想让占星学告诉我们关于事件的非因果关联的任何事情，我们须用一个确定的无可怀疑的事实取代这种不确定的性格诊断。两个人之间的婚姻关系就是这样一个事实。

自古以来，传统占星学和炼金术中与婚姻的主要对应一直是太阳（☉）与月亮（☾）的相合，月亮与月亮的相合，以及月亮与上升星座（ascendent）的相合。还有其他一些相合，但都不属于传统主流。上升星座－下降星座轴（ascendent-descendent axis）之所以被引入传统，是因为长期以来它被认为对人格有特别重要的影响。稍后我会提到火星（♂）与金星（♀）的相合和相冲，这里我要说，这两颗星体之所以与婚姻有关，是因为它们的相合或相冲指向一种爱情关系，不过这也许会、也许不会产生婚姻。就我的实验而言，我们必须对照非婚伴侣的天宫图来研究已婚伴侣天宫图中太阳与月亮、月亮与月亮、月亮与上升星座的巧合相位。此外，将上述相位关系与仅在较小程度上属于传统主流的相位关系进行比较会很有意思。做这样一项研究不需要相信占星学，而只需要出生日期、天文历书和计算天宫图所需的对数表。

如以上三种占卜方法所示，最适合偶然本质的方法是**数值**方法。自古以来，人们用数来建立有意义的巧合，即可以解释的巧合。数有某种奇特甚至神秘的东西，其神圣光环从未完全失去。比如数学教科书可能会告诉我们，一组物体被剥夺了每一种属性之后，它们的**数**最终仍然会存在，这似乎在暗示数是某种不可还原的东西。（这里我并不关心这个数学论证的逻辑，而只关心它的心理学！）出人意料的是，整数序列并不只是相同的单元并置在一起，而是包含了整个数学以及这个领域中有待发现的一切。因此，在某种意义上，数是一种无法预见的东西。虽然我不想对数和共时性这两种明显不可公度的东西之间的内在关系说任何阐释性的话，但我不得不指出，数和共时性不仅总是相互关联，而且都具有神秘性和神圣性的特征。数总是被用来描述某种神圣对象，从 1 到 9 的所有数都是"神圣的"，就像 10、12、13、14、28、32 和 40 都有特殊意义一样。一个事物最基本的特征就是它到底是一还是多。数比任何其他东西都更有助于使混乱的外表变得有序。数是创造秩序的既定工具，或者是理解一种业已存在但仍然未知的规则性或"有序性"的既定工具。数很可能是人类心灵中最原始的秩序要素，因为数 1 到 4 出现的频率最高，影响也最广。换句话说，原始的秩序图式大多是三合一或四合一。顺便说一句，数有一种原型基础，这并不是我的猜测，而是某些数学家的猜测，我们稍后会看到这一点。因此，如果我们在心理学上把数定义为一种已经变得有意识的**秩序原型**，这并非过于鲁莽。值得注意的是，无意识自发产生的心灵的整体意象，即象征自性的曼荼罗，也有一种数学结构。它们往往是四元组（或其倍数）。这些结构不仅表达秩序，而且还创造秩序。因此，它们通常在精神错乱时出现，以补偿混乱状态或表达神圣体验。需要强调的是，它们并非有意识心灵的发明，而是无意识的自发产物，经验已经充分证明了这一点。当然，有意识的心灵可以模仿这些秩序图式，但这样的模仿并不能证明它们原本是有意识的发明。由此可以无可辩驳地得出，无意识把数当作一种秩序因素来使用。

一般认为，数是由人**发明**出来或想出来的，因此，数不过是量的概念罢了，它所包含的一切都是由人的理智预先置于其中的。但同样可能的是，数是被**找到**或发现的。那样一来，数就不仅仅是概念，而是更多的东西——数是某种自主的东西，包含的不仅仅是量。与概念不同，数并非基于任何心灵状况，而是基于自身的存在性，基于一种理智概念无法表达的"如此性"(so-ness)。在这样的情况下，数很可能具有尚待发现的性质。必须承认，我倾向于这样一种观点，即数既是被发明的，也是被发现的，因此，数拥有一种与原型类似的相对自主性。与原型一样，数先于意识而存在。所以，数有时会规定意识，而不是被意识所规定。同样，作为先验的表征形式，原型既是被发现的，也是被发明的：说它们是被**发现**的，是因为我们不知道它们无意识的自主存在；说它们是被**发明**的，是因为它们的存在是从类似的表征结构中推断出来的。因此，自然数似乎有一种原型特征。如果是这样，那么不仅某些数和数的组合与某些原型有关系并对其产生影响，反过来也是如此。第一种情况相当于数的魔法，而第二种情况则相当于探究，数与占星学中的原型组合相结合，是否会显示出一种以特殊方式表现的倾向。

一个占星学实验

第 二 章

如前所述，我们需要两种不同的事实，一种表示占星学的星座，另一种表示婚姻状态。

所要考察的材料，即婚姻双方的一些天宫图，来自苏黎世、伦敦、罗马和维也纳等地友好人士的捐赠。起初，这些材料是为了纯粹的占星学目的而收集的，其中一些已经很有年头，所以收集这些材料的人当初并不知道这种收集与本研究的目的之间的关联。我之所以强调这一事实，是因为可能有人反驳说，这些材料是专门为此目的而选择的。事实并非如此，样本都是随机的。天宫图，或者更确切地说是出生信息，是按照当时寄来的时间排序的。收到180对已婚伴侣的天宫图之后，我们暂停了收集，在此期间完成了对360张天宫图的计算。第一组材料用来做试验性研究，因为我想检验一下所要使用的方法。

既然收集这些材料起初是为了检验这种直觉方法的经验基础，我们不妨就这种收集的动机再谈几句。

婚姻是一个具有显著特征的事实，尽管其心理方面表现出各种各样的变化。根据占星学的观点，正是婚姻的这一方面在天宫图中表现得最为明显。可以说，天宫图所刻画的个人偶然结婚的可能性必然退到次要地位；所有外部因素似乎只有能在心理上表现出来，才能用占星学来理解。由于人的性格存在大量变数，我们很难指望婚姻只由**一种**占星学位形来刻画；事实上，如果占星学假设是正确的，那么将会有若干种位形指向选择婚姻伴侣的倾向。在这方面，我必须提醒读者注意太阳黑子周期与寿命曲线之间著名的对应关系。其中的关联似乎是地磁干扰，而地磁干扰又与太阳质子辐射的波动有关。这些波动还会干扰反射无线电波的电离层，从而对"无线电天气"产生影响。对这些干扰的研究似乎表明，行星的相合、相冲和四分相对于使质子辐射转向从而引起电磁风暴起了很大作用。而在占星学上有利的三分相和六分相则会产生均匀的无线电天气。

这些发现让我们意外瞥见了占星学可能的因果基础。无论如何，这肯定适用于开普勒的天气占星学。但也有可能，质子辐射除了会影响生理，还会影响心理，这使占星学陈述失去了偶然性，可以对其做出因果解释。虽然没有人知道出生天宫图的有效性基于什么，但可以想象，行星的相位与心理生理倾向之间可能存在一种因果关联。因此，最好不要把占星学观察的结果看成共时性现象，而应认为它们可能源于因果。因为只要能够设想原因的存在，共时性就会变成一个极其可疑的东西。

无论如何，目前我们还没有足够的理由相信占星学结果不仅仅是偶然，或者相信大量统计数据产生了较为确定的结果。由于缺乏大规模研究，我决定用大量已婚伴侣的天宫图对占星学的经验基础进行研究，看看会出现什么样的数。

试验性研究

收集了第一组材料之后，我首先关注的是太阳与月亮的相合（☌）与相冲（☍），因为在占星学中，这两个相位被认为几乎同样强大（尽管是在相反的意义上），即意指天体之间有密切关系。连同火星（♂）、金星（♀）、上升星座（Asc.）和下降星座（Desc.）的相合与相冲，它们总共产生了50个不同的相位。

| 男性 |

女性		☉	☾	♂	♀	Asc.	Desc.
	☉	☌☍	☌☍	☌☍	☍☌	☌	☌
	☾	☌☍	☌☍	☍☌	☌☍	☌	☌
	♂	☍☌	☌☍	☌☍	☌☍	☌	☌
	♀	☌☍	☍☌	☌☍	☍☌	☌	☌
	Asc.	☌	☌	☌	☌	☌	
	Desc.	☌	☌	☌	☌		

☌=相合　　☍=相冲

图 1

根据我在前一章对占星学传统的评论，读者可以清楚地看出我选择这些组合的理由。这里我只想补充一点，火星与金星的相合与相冲远不如其他的相合与相冲重要，从以下考虑很容易理解这一点：火星与金星的关系可以揭示爱情关系，但婚姻并不总是爱情关系，爱情关系也并不总是婚姻。因此，我之所以把火星与金星的相合与相冲包括进来，是为了将它们与其他相合与相冲进行比较。

我首先针对180对已婚伴侣研究了那50个相位。显然，这180名男性和180名女性也可以配对成为非婚伴侣。事实上，由于这180名男性中的任何一名都可以与未与之成婚的179名女性中的任意一名配对，我们可以在180对婚姻中研究180×179=32220对非婚伴侣。表I显示了这项结果。我们还比较了非婚伴侣和已婚伴侣的相位分析。在所有计算中，我们假设宫内和宫外沿顺时针和逆时针方向的相位范围都是8°。然后，我们又补充了两组婚姻材料，分别为220对和83对，因此总共研究了483对婚姻或966张天宫图。对这些材料的评估表明，第一组材料中出现最频繁的相位是太阳与月亮的相合（10%），第二组材料中出现最频繁的是月亮与月亮的相合（10.9%），第三组材料中出现最频繁的是月亮与上升星座的相合（9.6%）。

起初，我最感兴趣的当然是概率问题：我们获得的最大结果是不是"有意义的"数值？也就是说，它们是不是可能的？一位数学家的计算清楚地表明，这三组材料中10%的平均出现频率远非有意义的数值，发生概率过高；换句话说，没有理由认为我们的最大出现频率不只是偶然产生的离差。

对第一组材料的分析

首先，我们就180对已婚伴侣和32220对非婚伴侣计算了太阳、月亮、火星、金星、上升星座和下降星座之间的所有相合与相冲。结果如表I所示，需要指出的是，相位是按照它们在已婚和非婚伴侣中出现的频率排列的。

显然，表I第2列和第4列所示的已婚和非婚伴侣的相位出现频率无法直接进行比较，因为第 2 列是 180 对已婚伴侣的情况，第 4 列则是 32220 对非婚伴侣的情况。因此，第 5 列显示了第 4 列的数值乘以系数 $\frac{180}{32220}$ 所得出的结果。表 II 显示了按照频率排列的表 I 第 2 列和第 5 列数值的比率；例如，月亮与太阳相合的比率为 18∶8.4=2.14。

在统计学家看来，这些数值不能用来证实任何事情，因此毫无价值，因为它们都是偶然的离差。但基于心理学理由，我不再认为我们处理的仅仅是偶然数值。要想描述自然事件的全貌，例外情况与平均情况同样重要。统计图景的谬误在于，它是片面的，因为它只代表现实的平均情况，而排除了全貌。统计的世界观仅仅是一种抽象，因此是不完整甚至错误的，尤其在涉及人的心理时。就出现了偶然最大值和偶然最小值而言，它们正是我所要研究的**事实**。

（表 I 见下一页）

表 I

相位		180对已婚伴侣的相位出现次数		32220对非婚伴侣的相位出现次数	180对非婚伴侣的频率计算结果	
女性	男性	实际出现次数	出现次数所占百分比		对应的实际频率	频率所占百分比
月亮 ☌ 太阳		18	10.0%	1506	8.4	4.7%
上升星座 ☌ 金星		15	8.3%	1411	7.9	4.4%
月亮 ☌ 上升星座		14	7.7%	1485	8.3	4.6%
月亮 ☍ 太阳		13	7.2%	1438	8.0	4.4%
月亮 ☌ 月亮		13	7.2%	1479	8.3	4.6%
金星 ☍ 月亮		13	7.2%	1526	8.5	4.7%
火星 ☌ 月亮		13	7.2%	1548	8.6	4.8%
火星 ☌ 火星		13	7.2%	1711	9.6	5.3%
火星 ☌ 上升星座		12	6.6%	1467	8.2	4.6%
太阳 ☌ 火星		12	6.6%	1485	8.3	4.6%
金星 ☌ 上升星座		11	6.1%	1409	7.9	4.4%
太阳 ☌ 上升星座		11	6.1%	1413	7.9	4.4%
火星 ☌ 下降星座		11	6.1%	1471	8.2	4.6%
下降星座 ☌ 金星		11	6.1%	1470	8.2	4.6%
金星 ☌ 下降星座		11	6.1%	1526	8.5	4.7%
月亮 ☍ 火星		10	5.5%	1540	8.6	4.8%
金星 ☍ 金星		9	5.0%	1415	7.9	4.4%

续表 I

相位 女性	相位 男性	180对已婚伴侣的相位出现次数 实际出现次数	180对已婚伴侣的相位出现次数 出现次数所占百分比	32220对非婚伴侣的相位出现次数	180对非婚伴侣的频率计算结果 对应的实际频率	180对非婚伴侣的频率计算结果 频率所占百分比
金星	☌ 火星	9	5.0%	1498	8.4	4.7%
金星	☌ 太阳	9	5.0%	1526	8.5	4.7%
月亮	☌ 火星	9	5.0%	1539	8.6	4.8%
太阳	☌ 下降星座	9	5.0%	1556	8.7	4.8%
上升星座	☌ 上升星座	9	5.0%	1595	8.9	4.9%
下降星座	☌ 太阳	8	4.3%	1398	7.8	4.3%
金星	☍ 太阳	8	4.3%	1485	8.3	4.6%
太阳	☌ 月亮	8	4.3%	1508	8.4	4.7%
太阳	☍ 金星	8	4.3%	1502	8.4	4.7%
太阳	☍ 火星	8	4.3%	1516	8.5	4.7%
火星	☍ 太阳	8	4.3%	1516	8.5	4.7%
火星	☌ 金星	8	4.3%	1520	8.5	4.7%
金星	☍ 火星	8	4.3%	1531	8.6	4.8%
上升星座	☌ 月亮	8	4.3%	1541	8.6	4.8%
月亮	☍ 月亮	8	4.3%	1548	8.6	4.8%
下降星座	☌ 月亮	8	4.3%	1543	8.6	4.8%
上升星座	☌ 火星	8	4.3%	1625	9.1	5.0%

续表1

相位 女性　　男性	180对已婚伴侣的相位出现次数 实际出现次数	出现次数所占百分比	32220对非婚伴侣的相位出现次数	180对非婚伴侣的频率计算结果 对应的实际频率	频率所占百分比
月亮　♂　金星	7	3.8%	1481	8.3	4.6%
火星　☌　金星	7	3.8%	1521	8.5	4.7%
月亮　♂　下降星座	7	3.8%	1539	8.6	4.8%
火星　☌　月亮	7	3.8%	1540	8.6	4.8%
上升星座　♂　下降星座	6	3.3%	1328	7.4	4.1%
下降星座　♂　火星	6	3.3%	1433	8.0	4.4%
金星　♂　月亮	6	3.3%	1436	8.0	4.4%
上升星座　♂　太阳	6	3.3%	1587	8.9	4.9%
火星　♂　太阳	6	3.3%	1575	8.8	4.9%
月亮　☌　金星	6	3.3%	1576	8.8	4.9%
金星　♂　金星	5	2.7%	1497	8.4	4.7%
太阳　☌　月亮	5	2.7%	1530	8.6	4.8%
太阳　♂　金星	4	2.2%	1490	8.3	4.6%
火星　☌　火星	3	1.6%	1440	8.0	4.4%
太阳　♂　太阳	2	1.1%	1480	8.3	4.6%
太阳　☌　太阳	2	1.1%	1482	8.3	4.6%

表 II

相位 女性　　男性	已婚伴侣的相位频率比例	相位 女性　　男性	已婚伴侣的相位频率比例
月亮　☌　太阳	2.14	金星　☌　火星	1.07
上升星座 ☌ 金星	1.89	金星　☌　太阳	1.06
月亮　☌ 上升星座	1.68	月亮　☌　火星	1.05
月亮　☍　太阳	1.61	太阳　☍ 下降星座	1.04
月亮　☌　月亮	1.57	下降星座 ☌ 太阳	1.02
金星　☍　月亮	1.53	上升星座 ☌ 上升星座	1.01
火星　☌　月亮	1.50	金星　☍　太阳	0.96
火星　☌ 上升星座	1.46	太阳　☌　月亮	0.95
太阳　☌　火星	1.44	太阳　☍　金星	0.95
金星　☌ 上升星座	1.39	太阳　☍　火星	0.94
太阳　☌ 上升星座	1.39	火星　☍　太阳	0.94
火星　☌　火星	1.36	火星　☍　金星	0.94
火星　☌ 下降星座	1.34	金星　☍　火星	0.94
下降星座 ☌ 金星	1.34	上升星座 ☌ 月亮	0.93
金星　☌ 下降星座	1.29	月亮　☍　月亮	0.93
月亮　☍　火星	1.16	下降星座 ☌ 月亮	0.92
金星　☍　金星	1.14	上升星座 ☌ 火星	0.88

续表 II

相位 女性　　男性	已婚伴侣的相位频率比例	相位 女性　　男性	已婚伴侣的相位频率比例
月亮 ♂ 金星	0.85	火星 ♂ 太阳	0.68
火星 ☌ 金星	0.82	月亮 ☌ 金星	0.68
月亮 ♂ 下降星座	0.81	金星 ♂ 金星	0.60
上升星座 ♂ 下降星座	0.81	太阳 ☌ 月亮	0.59
火星 ☌ 月亮	0.81	太阳 ♂ 金星	0.48
下降星座 ♂ 火星	0.75	火星 ♂ 火星	0.37
金星 ♂ 月亮	0.75	太阳 ♂ 太阳	0.24
上升星座 ♂ 太阳	0.68	太阳 ☌ 太阳	0.24

在表 II 中，让我们惊讶的是频率值的**非均匀分布**。最上面 7 个和最下面 6 个相位都显示出较大的离差，而中间的值则往往集中在比率 1∶1 上下。我将借助一张特殊的图（图 2）来说明这种特殊分布。

有趣的是，占星学和炼金术中关于婚姻与月亮－太阳相位之间的传统对应得到了确证：

（女性）月亮 ♂（男性）太阳 2.14∶1

（女性）月亮 ☌ （男性）太阳 1.61∶1

这里没有金星－火星的相位得到凸显的证据。

结果表明，在 50 个可能的相位中，对于已婚伴侣，有 15 个相位的频率明显高于比例 1∶1。最高值出现在前面提到的月亮－太阳相合中，两个次高值——1.89∶1 和 1.68∶1——对应于（女性）上升星座与（男性）金星之间的相合或（女性）月亮与（男性）上升星座之间的相合，从而明显确证了上升星座的传统意义。

在这 15 个相位中，月亮相位在女性那里出现 4 次，而在其他 35 个可能的值中，月亮相位只出现 6 次。所有月亮相位的平均比例值为 1.24∶1，而刚才提到的表中 4 次的平均比例值为 1.74∶1，所以月亮在男性那里似乎比在女性那里较少被凸显。

在男性那里，相应的角色不是由太阳，而是由上升星座－下降星座轴扮演的。在表 II 的前 15 个相位中，这些相位在男性那里出现了 6 次，在女性那里则只出现 2 次。在前一种情况下，这些相位的平均值为 1.42∶1，而对所有男性来说，上升星座或下降星座与四个天体之一之间形成的相位平均值为1.22∶1。

图2和图3从相位分布的角度分别给出了表I第2列和第5列所示频率的图形表示。

这种安排使我们不仅能够看到不同相位的出现频率分布，还能根据中值来快速估算每个相位的平均出现次数。然而，为了得到算术平均值，我们必须将所有相位频率相加，然后除以相位数。为了求出频率中值，我们沿着直方图数到一半方块已经数过、一半方块还没有数的位置。由于直方图中有50个方块，可以看到中值为8.0，因为有25个方块没有超过这个值，有25个方块超过了这个值（见图2）。

对已婚伴侣来说，中值达到了8，而在非婚伴侣的组合中，中值则更高，即8.4（见图3）。对非婚伴侣来说，中值与算术平均值一致，均为8.4，而已婚伴侣的中值则低于相应的算术平均值8.4，这是因为已婚伴侣中存在相对更低的数值。图2显示了数值的广泛分布，这与图3中数值都集中在中值8.4上下形成了鲜明对比。非婚伴侣中没有一个相位的频率大于9.6（见图3），而在已婚伴侣中，有一个相位的频率几乎达到了它的两倍，即18（见图2）。

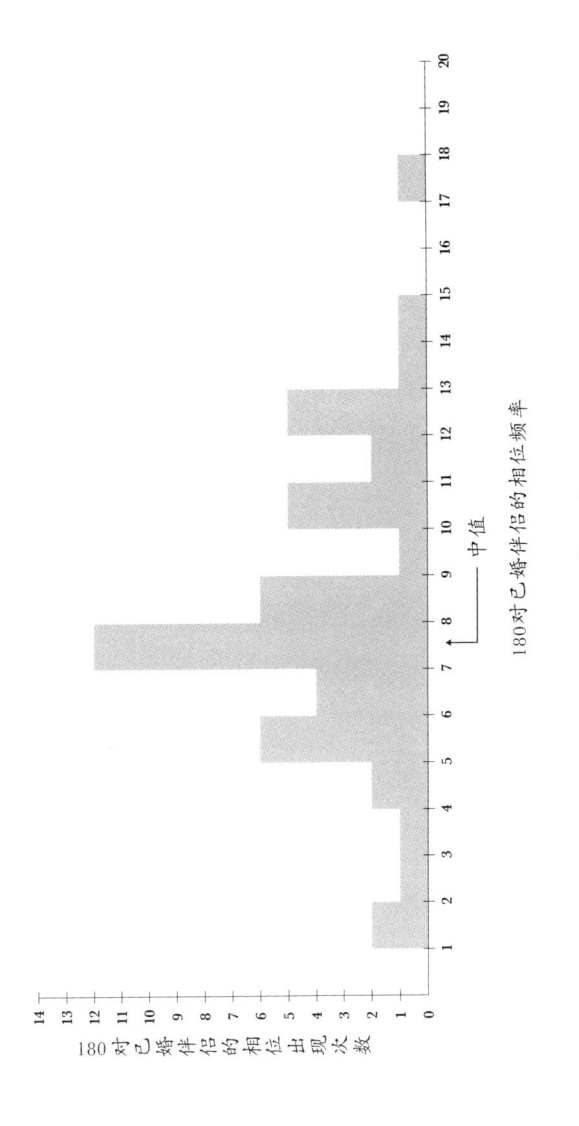

[图 2] 180对已婚伴侣的相位频率

中值 → 7

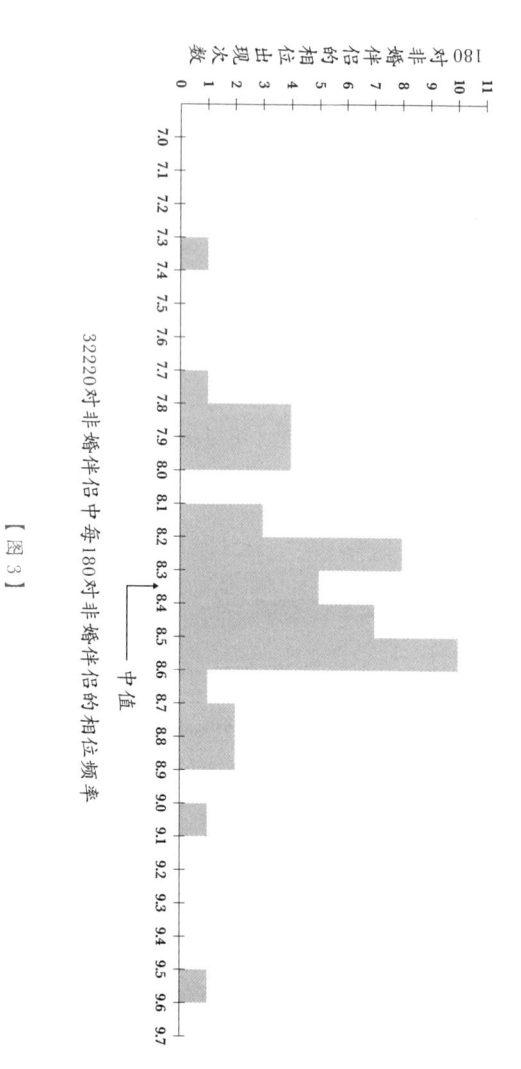

【图3】32220对非婚伴侣中每180对非婚伴侣的相位频率

各组材料的比较

假设图 2 中明显的离差是出于偶然，我又研究了更多的婚姻天宫图，我将第一组 180 对和第二组 220 对已婚伴侣结合起来，从而总共有 400 对（或 800 张单独的天宫图）。结果如表 III 所示，这里仅限于谈论明显超过中值的最大数值，数值以百分比表示。

表 III

第一组材料 180对已婚伴侣	第二组材料 220对已婚伴侣	两组材料总计 400对已婚伴侣
月亮 ☌ 太阳 10.0%	月亮 ☌ 月亮 10.9%	月亮 ☌ 月亮 9.2%
上升星座 ☌ 金星 9.4%	火星 ☍ 金星 7.7%	月亮 ☍ 太阳 7.0%
月亮 ☌ 上升星座 7.7%	金星 ☌ 月亮 7.2%	月亮 ☌ 太阳 7.0%
月亮 ☌ 月亮 7.2%	月亮 ☍ 太阳 6.8%	火星 ☌ 火星 6.2%
月亮 ☍ 太阳 7.2%	月亮 ☌ 火星 6.8%	下降星座 ☌ 金星 6.2%
火星 ☌ 月亮 7.2%	下降星座 ☌ 火星 6.8%	月亮 ☍ 火星 6.2%
金星 ☍ 月亮 7.2%	下降星座 ☌ 金星 6.3%	火星 ☍ 月亮 6.0%
火星 ☌ 火星 7.2%	月亮 ☍ 金星 6.3%	火星 ☍ 金星 5.7%

续表 III

第一组材料 180对已婚伴侣			第二组材料 220对已婚伴侣			两组材料总计 400对已婚伴侣		
火星	♂ 上升星座	6.6%	金星	♂ 金星	6.3%	月亮	♂ 上升星座	5.7%
太阳	♂ 火星	6.6%	太阳	☍ 火星	5.9%	金星	♂ 下降星座	5.7%
金星	♂ 下降星座	6.1%	金星	♂ 下降星座	5.4%	金星	♂ 月亮	5.5%
金星	♂ 上升星座	6.1%	金星	♂ 火星	5.4%	下降星座	♂ 火星	5.2%
火星	♂ 下降星座	6.1%	太阳	♂ 月亮	5.4%	上升星座	♂ 金星	5.2%
太阳	♂ 上升星座	6.1%	太阳	♂ 太阳	5.4%	太阳	☍ 火星	5.2%

第一列中的180对伴侣是第一次收集的结果，第二列中的220对伴侣则是一年多以后收集的。第二列不仅在相位上与第一列不同，频率值也有显著下降。唯一的例外是最上面的数值，代表经典的 ☾♂☾，它取代了第一列中同样经典的 ☾♂☉。在第一列的14个相位中，只有4个在第二列中再次出现，但其中有不少于3个是月亮相位，这与占星学的预期相符。第一列和第二列的相位之间缺乏对应，这表明材料很不均等，即离差很大。我们可以从400对已婚伴侣的总计数

值那里看到这一点：校平离差之后，它们都表现出明显的下降。这一点在补充了第三组材料的表IV中表现得更为明显。

表 IV

频率（%）	☾♂☉	☾♂☾	☾☍☉	平均值
180对已婚伴侣	10.0	7.2	7.2	8.1
220对已婚伴侣	4.5	10.9	6.8	7.4
180+220=400对已婚伴侣	7.0	9.2	7.0	7.7
增加的83对已婚伴侣	7.2	4.8	4.8	5.6
83+400=483对已婚伴侣	7.2	8.4	6.6	7.4

该表显示了最常出现的三种情况——两个月亮相合和一个月亮相冲——的频率值。在最先收集的180对已婚伴侣那里，最大频率的平均值是8.1%；在后来收集和计算的220对已婚伴侣那里，这个数值降至7.4%；而在最后增加的83对已婚伴侣那里，平均值只有5.6%。在最初的材料（180对和220对）中，最大值

的相位仍然相同，即 ☽ ☌ ☉ 和 ☽ ☌ ☽，而在最后一组材料（83 对）中，最大值的相位是不同的，即 *Asc.* ☌ ☽、☉ ☌ ♀、☉ ☌ ♂ 和 *Asc.* ☌ *Asc.*。这四个相位的平均最大值是 8.7%。这一数值超出了第一组 180 对的我们"最好的"平均值 8.1%，这只能证明我们"有利的"初始结果是多么偶然。但应当指出，有趣的是，正如我们之前所说，在最后一组材料中，最大值 9.6% 的相位是 *Asc.* ☌ ☽，也就是说，又是一个月亮相位，而它被认为是婚姻所特有的。毫无疑问，这是自然的恶作剧（lusus naturae），但也是一个非常隐秘的恶作剧，因为根据传统，上升星座与太阳和月亮一起，构成了决定命运和性格的三位一体。如果有人想伪造统计结果，使其符合传统，那就再成功不过了。

表 V 给出了非婚伴侣的最大频率。

第一个结果是我的同事利莉亚娜·弗赖－罗恩博士得出的，她将男性的天宫图放在一边，女性的天宫图放在另一边，然后将碰巧在最上面的两个组合成一对。当然，她会注意不让真正的已婚夫妇偶然组合在一起。与 32220 对非婚伴侣更有可能出现的最大数值（仅为 5.3）相比，7.3 的频率结

表 V

	最大频率（%）	
1	偶然组合的300对伴侣	7.3
2	抽签组合的325对伴侣	6.5
3	抽签组合的400对伴侣	6.2
4	32220对伴侣	5.3

果相当高。在我看来，第一个结果似乎有些可疑。因此我建议我的同事，我们不应自己组合这些伴侣，而应按照以下方式进行：给325位男性的天宫图编上号，把这些号码写在另外的纸条上，放入瓶子使之混合。然后请一个对占星学和心理学一无所知、对这些研究更是不了解的人在不看的情况下，从瓶子里逐一取出纸条。将每个号码与最上面的女性天宫图进行组合，再次注意不要让已婚伴侣组合在一起。由此便人为产生了325对伴侣，结果6.5与概率更为接近。400对非婚伴侣的结果是6.2，其可能性要更大，但这个数值仍然太高。

我们的数值似乎有些奇怪，于是我又做了一个实验，对于实验结果，我在这里要持必要的保留态度，尽管在我看来，这个实验似乎使统计变化变得更容易理解。这个实验是由三位受试做的，我们清楚地知道她们的心理状况。实验程序是，随机选取400张婚姻天宫图，并且给其中200张配上数字。受试抽签选取其中20对，然后就我们的50种婚姻特征对这20对已婚伴侣进行统计检验。第一位受试是一名女性患者，她在实验期间处于强烈的情绪亢奋状态。事实证明，在20个火星相位中，至少有10个被凸显，频率为15.0；在月亮相位中，有9个被凸显，频率为10.0；在太阳相位中，有9个被凸显，频率为14.0。火星的经典意义就是它的情绪性，这里受到了男性太阳的支持。与我们的一般结果相比，这里火星相位占主导地位，这与受试的心灵状态完全一致。

第二位受试也是一名女性患者，她的主要问题是在面对自我压抑倾向时意识到并坚持自己的个性。在这种情况下，被认为代表这种个性的轴相位（上升星座－下降星座）出现了12次，频率为20.0，月亮相位的频率为18.0。从占星学角度来看，这一结果与受试的实际问题完全一致。

第三位受试是一名内心有强烈冲突的女性，她的主要问题是这些冲突的统一与和解。月亮相位出现 14 次，频率为 20.0，太阳相位出现 12 次，频率为 15.0，轴相位出现 9 次，频率为 14.0。作为对立统一的经典象征，太阳与月亮的相合得到明确凸显。

事实证明，在所有这些情况下，对婚姻天宫图进行的抽签选择都受到了影响，这与我们对《易经》和其他占卜方法的经验相一致。尽管所有这些数值都在概率的范围内，因此不能被认为超出了偶然，但它们的变化——每一次都与受试的心灵状态惊人地吻合——仍然让人深思。相关心灵状态被描述为这样一种情况：洞察力和意志决定会遇到与意志相反的无意识的不可逾越的障碍。意识力量的这种相对失败通常会使起调节作用的原型群集起来。原型在第一位受试那里显示为火星（情绪亢奋的凶星），在第二位受试那里显示为加强个性的平衡轴系，在第三位受试那里则显示为最高对立的圣婚或结合。心灵事件和物理事件（受试的问题和天宫图的选择）似乎与背景原型的性质相对应，因此可以被视为一种共时性现象。

我在高等数学方面不是很擅长，不得不依靠专业人士的帮助，因此我请巴塞尔的马库斯·菲尔茨（Markus Fierz）教授来计算我得到的最大数值的概率。他出色地完成了计算，他用泊松分布算出，前两个最大值的概率为 1∶10000，第三个最大值的概率为 1∶1300。后来，在检查计算时，他发现了一处错误，改正之后，前两个最大值的概率提升至 1∶1500。进一步的检查确认，三个最大值的概率分别为 1∶1000、1∶10000 和 1∶50。由此可见，尽管我们的最好结果——☾☌☉和☾☌☾——实际上是相当不可能的，**实际出现的可能性不大，但理论上它们是完全可能出现的，以至于我们只能将当前的统计结果视为偶然**。例如，如果我打通电话的概率是 1∶1000，那么我可能更愿意写信，而不是打电话。我们的研究表明，频率值不仅接近已婚伴侣数最多的样本的平均值，而且任何偶然组合中都会产生类似的统计比例。从科学的角度来看，我们的研究结果在某些方面对占星学来说并非有利，因为一切都表明，在大多数情况下，已婚伴侣与非婚伴侣婚姻相位的频率值之间的差异完全消失了。因此，从科学的角度来看，几乎不可能证明占星学的对应是合乎法则的。同时，如果有占星学家反驳说，我的统计方法过于随意和笨拙，无法正确评估婚姻的各种心理因素和占星相位，我也很难给出反驳的理由。

我们的占星统计中剩下的一个重要事实是，第一组180张婚姻天宫图显示，出现最多的是☾☌☉，其值为18；第二组220张婚姻天宫图显示，出现最多的是☾☌☾，其值为24。在古老的文献中，这两个相位一直被认为是婚姻的典型特征，因此代表最古老的传统。第三组83张婚姻天宫图显示，出现最多的是☾☌Asc.，其值为8。正如我们所说，这些最大值的概率分别约为1∶1000、1∶10000和1∶50。我想通过一个例子来说明这里发生的事情：

> 你拿三个火柴盒，在第一个盒子里放1000只黑蚂蚁，在第二个盒子里放10000只，在第三个盒子里放50只，同时在每个盒子里都放一只白蚂蚁，关上盒子，在每个盒上钻一个孔，小到一次只能让一只蚂蚁爬过去。结果，每个盒子最先爬出的总是那只白蚂蚁。

这种事情实际发生的可能性微乎其微。即使在前两个例子中，概率也是 1∶(1000 × 10000)，这意味着这种巧合在 10000000 例中只有一例。这在任何人的经验中都几乎不可能发生。然而，在我的统计研究中，它发生了，恰恰是占星学传统所强调的三种相合以最不可能的方式同时出现了。

然而，为了准确起见，必须指出，并非每次最先出现的都是同一只白蚂蚁。也就是说，虽然总是存在一个月亮相合，而且总是存在一个具有决定性意义的"经典"相合，但它们仍然是不同的相合，因为月亮每次都与不同的伴侣联系在一起。当然，这些是天宫图的三个主要组成部分，即上升星座，或黄道宫上升的角度，代表出生的时刻；月亮，代表出生的日子；太阳，代表出生的月份。因此，如果我们只考虑前两组材料，就必须假设每个盒子里有两只白蚂蚁。这一修正将月亮相合的概率提升至 1∶2500000。如果也考虑第三组材料，那么三个经典月亮相位同时出现的概率为 1∶62500000。第一个比例即使单独来看也是有意义的，因为它表明这种同时出现是非常不可能的。但与第三个月亮相合的同时出现是如此引人注目，以至于它似乎是为了占星学而有意安排的。因此，如果我们的实验结果被发现有一个有意义的（并非纯粹偶然的）概率，我们就能非常令人满意地证明占星学的观点。相反，如果这些数值实际上处于偶然预期的范围之内，那么它们就没有支持占星学的说法，而只像是对占星学预期偶然的理想回答。从统计的角度来看，这只是一个偶然的结果，但它是**有意义的**，因为它似乎证实了这一预期。这就是我所说的共时性现象。在统计上有意义的陈述只涉及规律性发生的事件，如果我们把这一陈述视为自明的，就会把不合规则的所有例外都排除在外。它所产生的只是自然事件的平均图景，而不是世界本身的**真实**图景。然而，例外——我的实验结果就是例外，而且是最不可能的例外——与规则同样重要。如果没有例外，统计学甚至没有意义。没有任何规则在所有情况下都正确，因为这是一个真实的而不是统计的世界。统计方法只显示了平均的方面，创造的是一种人为的、概念式的图景。这就是为什么我们需要一个补充的原则来完整地描述和解释自然。

如果我们现在考虑莱因实验的结果，特别是它们在很大程度上依赖于受试的主动兴趣，我们就可以将实验中发生的事情视为一种共时性现象。统计材料表明，**一种在理论上和实际上都不大可能的偶然组合出现了，它与传统占星学的预期惊人地一致**。发生这样的巧合是如此的不可能，如此的不可思议，以至于没有人敢预言这样的事情。统计材料似乎的确被操纵和安排了，以显示出肯定的结果。共时性现象所必需的情感条件或原型条件已经给出，因为显然，我的同事和我本人都对实验结果抱有强烈的兴趣，此外，我已经深入研究共时性问题多年。实际发生的情况似乎是（考虑到悠久的占星学传统，这似乎经常发生），我们偶然得到了一个在历史上可能已经多次出现的结果。如果占星学家（除了少数例外）能更关注统计数据，并从科学上来研究占星学解释的根据，则他们很早就会发现，他们的陈述建立在不可靠的基础之上。但我设想，他们的情况和我一样，材料与占星学家的心灵状态之间也存在一种秘密的、相互默许的关系。和任何其他令人愉快或讨厌的偶然事件一样，这种对应确实存在着。在我看来，能否从科学上证明它就是如此，这是值得怀疑的。在 50 种可能性中，三次出现的最大值恰恰对应着被传统视为典型的那些相位——一个人可能被巧合所愚弄，但要想不为这样一个事实所动，他得麻木到一定程度才行。

仿佛是为了让这一惊人结果更加令人印象深刻，我们发现其中还存在无意识的欺骗。第一次计算统计数据时，我因一些错误偏离了目标，所幸及时发现了这些错误。克服了这个困难之后，我又忘记在本书的瑞士版中注明，只有每次分别假设两到三只白蚂蚁，蚂蚁才能比较适用于我们的实验。这大大降低了我们结果的不可能性。然后，在最后一刻，菲尔茨教授再次检查了他的概率计算，发现自己被因子 5 所蒙蔽。我们结果的不可能性再次被降低，尽管尚未达到可以被称为"可能"的程度。**所有这些错误都倾向于以一种有利于占星学的方式把结果夸大，**而且很可能会加强对事实进行人为或欺诈安排的印象，相关人员对此会感到非常难堪，可能宁愿三缄其口。

然而，对这些事情的长期经验告诉我，自发的共时性现象会以各种手段让观察者注意到正在发生的事情，有时还会使他成为这一事件的从犯。这正是所有超心理学实验所固有的危险。超感知觉实验对主试和受试情绪因素的依赖就是一个很好的例子。因此我认为，对结果做出尽可能完整的解释，并且表明共时性安排不仅会影响统计材料，而且会影响相关各方的心灵过程，这是一项科学的义务。虽然我吸取了之前经验的教训，这次非常谨慎，将（本书瑞士版中）我原来的论述提交给了四位称职的人士，其中包括两位数学家，但我还是过早地陷入了一种虚幻的安全感。

这里所做的修正丝毫没有改变这样一个事实，即最大频率对应着三个经典的月亮相位。

为了让自己相信结果是偶然的，我又做了一个统计实验。我打乱了最初偶然的时间顺序和同样偶然的材料划分，将前150对婚姻和后150对婚姻（后者以相反的顺序）混在一起，也就是说，我把第一对婚姻放在倒数第一对婚姻之上，然后把第二对婚姻放在倒数第二对婚姻之上，以此类推。然后我把这300对婚姻分成三组，每组100个。结果如下：

三组婚姻统计结果			
	第一组	第二组	第三组
最大值	没有相位 11%	☉☌♂ 11% ☾☌☾ 11%	☾☌Asc. 12%

第一组婚姻的结果非常有趣，因为在这300对婚姻中，只有15对婚姻不以我们选择的50个可能相位中的任何一个为共同相位。第二组出现了两个最大值，其中第二个最大值再次对应一种经典相合。第三组出现的最大值对应着我们已经很熟悉的 ☾ ☌ Asc.，即第三个"经典"相合。总体结果表明，对婚姻的另一种偶然安排很容易产生与之前不同的结果，但仍然不能完全避免经典相合的出现。

*　　　*　　　*

我们的实验结果与我们对占卜程序的经验相吻合。人们的印象是，诸如此类的方法似乎为有意义巧合的出现创造了有利条件。诚然，精确地确定共时性现象是一项困难的甚至不可能完成的任务。因此，莱因借助于无可非议的材料证明了心灵状态与相应客观过程的一致性，这项成就必须得到更高的评价。虽然统计方法一般来说极不适用于罕见的事件，但莱因的实验仍然经受住了统计学的毁灭性影响。因此，在对共时性现象进行任何评判时，都必须考虑这些实验的结果。

鉴于统计方法对于定量地确定共时性具有模糊性的影响，我们必须回答这样一个问题：莱因是如何成功地获得肯定结果的？**我敢说，如果他只对一个或几个受试进行实验，他永远不会得到这样的结果。** 受试需要一种不断**更新的兴趣**，一种以精神水平降低为典型特征的情绪，这会使无意识获得某种优势。只有这样，空间和时间才能在一定程度上被相对化，从而减少因果过程的可能性。然后发生的是一种从无中创造、无法做因果解释的**创造行为**。占卜方法的有效性同样源于与情绪的这种关联：通过触及一种无意识的倾向，占卜方法激起了兴趣、好奇、期待、希望和恐惧，从而使无意识获得了相应优势。在无意识中起作用的（神秘的）动因就是**原型**。到目前为止，我有机会观察和分析的大多数自发的共时性现象都很容易表明与原型有直接关联。这本身就是集体无意识的一个无法描述的**类心灵**因素。集体无意识无法定域化，因为从原则上讲，它要么在每个个体那里都是完整的，要么在任何地方都相同。你永远无法确定在一个个体的集体无意识中发生的事情是否也发生在其他个体、生物、事物或情况中。例如，当斯威登堡（Swedenborg）的意识中浮现出斯德哥尔摩大火的景象时，一场大火正在斯德哥尔摩熊熊燃烧*，这两者之间没有任何可证明的甚至可设想的关联。我当然不想自告奋勇去证明这里存在着原型关联。但我想指出一个事实，即斯威登堡的传记中记载的一些事情可以使我们清楚地了解他的心灵状态。我们必须假设意识的门槛降低了，使他能够获得"绝对知识"。在某种意义上，斯德哥尔摩的大火也在他身上燃烧。因为对无意识的心灵来说，空间和时间似乎是相对的，也就是说，知识处于一个时空连续体中，在这个连续体中，空间不再是空间，时间也不再是时间。因此，如果无意识沿着意识的方向发展出或保持一种潜能，那么平行事件就可能被感知到或"知道"。

与莱因的工作相比，我的占星学统计有一个很大的缺点——整个实验都是围绕一个受试展开的，那就是我自己。我并没有用许多受试做实验，而是各种各样的材料激起了**我的**兴趣。因此，我的情况就类似于超感知觉实验中的受试，

---

* 伊曼纽尔·斯威登堡（Emanuel Swedenborg，1688—1772），瑞典科学家、哲学家和神秘主义者。1759年7月，在哥德堡的一场晚宴上，斯威登堡详细描述了正发生在斯德哥尔摩的一场大火。这场大火后来得到证实，他因此名声大噪。

我们习惯于把"意义"
看成一种心灵过程或心灵内容,
以致从未想过意义也可能存在于我们的心灵之外。

起初很有热情，但后来逐渐习惯了实验之后，就没有那么大热情了。因此，随着实验数量的增加，结果变差了，这里体现为对材料进行分组解释，也就是说，实验数量的增加会使最初"有利"的结果变得模糊。同样，我后来的实验也表明，正如预期的那样，放弃初始顺序并将天宫图任意分组会产生不同的结果，尽管其意义并不完全清楚。

只要不涉及很大的数（比如在医学中），莱因的实验规则都很值得推崇。起初，研究者的兴趣和期望可能会共时性地伴随着令人惊讶的有利结果（尽管有各种预防措施）。只有不了解自然定律的统计特征的人才会把这视为"奇迹"。

*　　　*　　　*

如果事件之间有意义的巧合或"横向联系"不能做因果解释（这似乎是可信的），那么关联原则必定在于平行事件的**同义性**，换句话说，它们的中间参照体是**意义**。我们习惯于把"意义"看成一种心灵过程或心灵内容，以致从未想过意义也可能存在于我们的心灵之外。但我们至少对心灵有足够的了解，不会把任何魔力归因于它，更不会把任何魔力归因于意识。因此，如果我们接受这样一种假说，即**同一个（先验）意义可以同时现于人的心灵和一个同时发生的外部独立事件的安排中**，我们就会立即与传统的科学和认识论观点产生冲突。如果我们愿意倾听这样的假说，就必须一次次地提醒自己，自然定律只在统计上有效，统计方法会彻底消除所有罕见事件。最大的困难在于，我们没有任何科学手段来证明一种不仅仅是心灵产物的**客观**意义的存在。然而，如果我们不想退回到一种**魔法因果性**，并将一种远远超出其经验作用范围的力量归于心灵，我们就不得不做出这样的假设。在这种情况下，如果我们不想放弃因果性，就必须假设，要么是斯威登堡的无意识引发了斯德哥尔摩的大火，要么反过来，这一客观事件（以某种非常不可思议的方式）激起了斯威登堡大脑中的相应意象。无论是哪种情况，我们都会碰到前面讨论过的那个无法回答的传递问题。当然，哪个假说被认为更有意义，完全是一个主观判断的问题。传统也无助于我们在魔法因果性和先验意义之间做出选择，因为一方面，直到现在，原始心态总是将共时性解释为魔法因果性，另一

自然定律只在统计上有效,
统计方法会彻底消除所有罕见事件。

方面，自古以来，直到18世纪，哲学精神一直认为自然事件之间存在着一种隐秘的联应或有意义的关联。我更喜欢后一假说，它不像前一假说那样与经验的因果性概念相冲突，而是可以被视为一种独特的原则。我们虽然并非必须修正迄今为止所理解的自然解释原则，但至少要增加它们的数量，只有最有说服力的理由才能证明这一操作是合理的。然而，我认为，我前面给出的线索组成了一个需要深入思考的论证。在所有科学中，心理学尤其不能对这些经验视而不见。这些东西不仅具有深刻的哲学内涵，对于理解无意识也至关重要。

共时性观念的先导

第 三 章

因果性原则断言，原因与结果之间的关联是必然的。共时性原则断言，有意义巧合的各项是通过**同时性**和**意义**关联在一起的。因此，如果我们认为超感知觉实验和其他许多观察结果都是既定事实，就必须得出结论，即除了原因与结果之间的关联，自然之中还有另一个因素在事件的安排中表现出来，对我们显示为意义。虽然意义是一种拟人化的解释，但它仍然构成了共时性现象不可或缺的标准。对我们显示为"意义"的那个因素本身是什么，我们不可能知道。然而，作为一种假说，它并不像初看起来那样不可能。必须记住，我们西方的理性主义态度并不是唯一可能的或无所不包的态度，而是一种在许多方面也许都应加以纠正的成见和偏

西方的理性主义态度
并不是唯一可能的或无所不包的态度；

而是一种在许多方面
也许都应加以纠正的成见和偏见。

见。在这方面，中国古老得多的文化一直与我们有着不同的想法，如果我们想在我们的文化圈中找到类似的东西，就必须追溯到赫拉克利特时期，至少在哲学方面是如此。只有在占星学、炼金术和占卜程序的层面，我们才与中国的态度没有什么原则上的区别。这就是为什么炼金术在东西方是平行发展的，以及为什么它在东西方都或多或少以相同的观念朝着同一个目标努力。

在中国哲学中，自古以来的一个核心概念是"道"，耶稣会士将其翻译为"神"。但这只在西方的意义上才是正确的。其他翻译，如"天意"之类的，只不过是权宜之计。卫礼贤（Richard Wilhelm）则天才地将它解释为"意义"。"道"这个概念支配着中国的整个哲学思想。在我们这里，因果性具有这种重要性，但直到最近两个世纪才达到这种地位，这一方面是由于统计方法的影响，另一方面则是因为自然科学无与伦比的成功使形而上学的世界观名誉扫地。

老子在其著名的《道德经》中对"道"做了如下描述：

有物混成，先天地生。

寂兮寥兮，独立而不改，

周行而不殆，可以为天地母。

吾不知其名，强字之曰道，强为之名曰大。

——《道德经》第二十五章

道"衣养万物而不为主"（《道德经》第三十四章）。老子将其描述为"无"，卫礼贤说，老子的意思只是它"与现实世界的对立"。老子这样描述它的本质：

三十辐共一毂，当其无，有车之用。

埏埴以为器，当其无，有器之用。

凿户牖以为室，当其无，有室之用。

故有之以为利，无之以为用。

——《道德经》第十一章

"无"显然是"意义"或"目的"，它之所以被称为"无"，是因为它并不出现于感官世界，而只是感官世界的组织者。老子说：

视之不见，名曰夷；

听之不闻，名曰希；

搏之不得，名曰微。

此三者不可致诘，故混而为一。

其上不皦，其下不昧，绳绳兮不可名，复归于无物。

是谓无状之状，无物之象，是谓惚恍。

迎之不见其首，随之不见其后。

——《道德经》第十四章

卫礼贤将其描述为"一个处于现象世界边缘的概念"。在这个概念中，对立"消失在无分别中"，但仍然潜在地存在着。他继续说，"这些种子指向的东西首先对应于**可见的东西**，即形象性的东西；其次对应于**可听的东西**，即语词性的东西；再次对应于有**空间广延**的东西，即形态性的东西。但这三种东西不能清晰区分，也不可定义，它们是一种**非空间的**（没有上下）和**非时间的**（没有前后）统一体"。正如《道德经》所说：

惚兮恍兮，其中有象；

恍兮惚兮，其中有物；

窈兮冥兮……

——《道德经》第二十一章

卫礼贤认为，现实之所以在概念上是可知的，是因为按照中国人的观点，事物本身存在着某种潜在的"理性"。这正是有意义的巧合背后的基本观念：有意义的巧合之所以可能，是因为双方都有相同的意义。只要意义占据支配地位，秩序就会产生：

道常无名，朴。

虽小，天下莫能臣。

侯王若能守之，万物将自宾。

天地相合，以降甘露，民莫之令而自均。

——《道德经》第三十二章

道常无为而无不为。

——《道德经》第三十七章

天网恢恢，疏而不失。

——《道德经》第七十三章

庄子（柏拉图的同时代人）在谈到道所基于的心理学前提时说："彼是莫得其偶，谓之道枢。"他说："道隐于小成。"他还说："夫道未始有封，言未始有常，为是而有畛也。"这听起来就像是对我们科学世界观的批判。庄子说："古之人，其知有所至矣。恶乎至？有以为未始有物者，至矣，尽矣，不可以加矣！其次以为有物矣，而未始有封也。其次以为有封焉，而未始有是非也。是非之彰也，道之所以亏也。道之所以亏，爱之所以成。""无听之以耳而听之以心，无听之以心而听之以气。听止于耳，心止于符。"这显然在暗指无意识的绝对知识，即大宇宙事件在小宇宙中的存在。

这种道家观点是典型的中国思想。它几乎总是**整体性的**，著名的中国心理学权威葛兰言（Marcel Granet）也提出过这一点。这种特性亦可见于中国人的日常对话：如果我们就某种细节问中国思想家一个看起来非常直接且明确的问题，他会给你一个出乎意料的广泛的回答，就好像你向他要一叶草,他却给了你一整片草地。对我们来说,细节本身就很重要;而对东方人来说,细节总是对整体图像的补充。和原始的或者我们(仍然部分存在的)中世纪的前科学心理学一样,凭借一种意义似乎完全任意的巧合,这种整体中包含的事物似乎只是"偶然"地彼此关联在一起。中世纪自然哲学的"联应"(correspondentia)学说,特别是古代的"万物共感"(sympathy of all things)观念,就是如此。希波克拉底(Hippocrates)说:

> 有一种共同的流动、一种共同的呼吸,万物都是共感的。整个有机体及其每个部分都在为同一目的而协同运作。……这一伟大本原延伸至最外面的部分,又从最外面的部分回到伟大本原:一个自然,存在和不存在。

这一普遍原则甚至可见于最小的部分,因此它与整体相一致。

在这方面,斐洛(前25—42)[*]有一个有趣的想法:

> 上帝一心想以必然性和友爱把受造物的开始与结束统一起来,他以天为开始,以人为结束,天被他创造为不朽的可感事物中最完美的,人则被他创造为地上可朽之物中最好的,事实上,人就是一个小型的天。人本身带有许多与星辰类似的本性。……由于可朽之物和不朽之物本质上是对立的,所以上帝把最美的形态赋予了开始与结束,如我所说,把天的形态赋予了开始,把人的形态赋予了结束。

这里,天这个伟大本原或开始被注入人这个小宇宙中,人反映了星辰的本性,于是,作为创世工作的最小部分和结束,人包含着整体。

根据泰奥弗拉斯特(Theophrastus,前371—前288)的说法,超感觉的东西和感觉的东西是由一种共同体纽带连

---

[*] 《共识性》原文称斐洛的生卒年为前25—42,现代研究认为其生卒年为前20—50。这一差异可能源于荣格参考的是早期学术推测。

接在一起的。这一纽带不可能是数学,而只可能是神。类似地,在普罗提诺(Plotinus)那里,由一个世界灵魂所孕育的个体灵魂不论距离多远,都通过共感(sympathy)或反感(antipathy)而相互关联。在皮科·德拉·米兰多拉(Pico della Mirandola)那里也可以找到类似的观点:

> 首先,事物之中存在一种统一性,凭借这种统一性,每个事物都与自己合一,由自己组成,并与自己一致。其次,凭借这种统一性,一个造物与其他造物结合在一起,世界的各个部分最终构成了一个世界。第三也是最重要的是,凭借这种统一性,整个宇宙与造物主合一,一如军队与指挥官合一。

皮科所说的这三重统一性意指一种单纯的统一性,和三位一体一样,有三个方面("一种具有三重特征的统一性,但又不偏离统一性的单纯性")。对他来说,世界是一个本质、一个可见的上帝,一切事物从一开始就像生物体的各个部分一样自然地排列于其中。世界显现为上帝的神秘身体（corpus mysticum），就像教会是基督的神秘身体，或者纪律严明的军队可以被称为指挥官手中的剑一样。万事万物都是按照上帝的意志安排的，这种观点几乎没有给因果性留下余地。正如在一个生物体中，各个部分同时和谐运作，并且有意义地相互适应，世界上的事件也处于有意义的相互关联中，这种关联不可能源于任何固有的因果性。原因在于，在这两种情况下，各个部分的行为都依赖于一种比它们更高的中央指挥。

皮科在其《论人的尊严》（*De hominis dignitate*）中说："天父在人出生时就将各种种子和生命的萌芽植入其中。"正如上帝仿佛是世界的连系者（copula），人也是受造世界的连系者。"让我们按照我们的形象创造人，人并非第四个世界或某个新的造物，而是三个世界（天上世界、天界和月下世界）的融合和结合。"在身体和精神方面，人是"世界的小上帝"，是小宇宙。（"神……按照他的形象把人置于［世界的］中心。"）因此，和上帝一样，人也是事件的中心，万事万物都围绕着人。这种对现代人来说完全陌生的观念主导着世界图景，直到我们这个时代，自然科学证明了人对自然的服从和对原因的极度依赖。事件与意义（现在专属于人）之间的关联被驱逐到一个偏远而阴暗的区域，以致理性对它完全无处可寻。它成为莱布尼茨世界解释的一个主要内容，后来叔本华也想起了它。

凭借其小宇宙本性，人是上天之子或大宇宙之子。"我是一颗星星，与你一同穿梭于天际"，密特拉教的新成员在礼拜仪式上这样告白。在炼金术中，小宇宙与"圆孔"（rotundum）具有相同的意义，圆孔是自帕诺波利斯的佐西莫斯（Zosimos of Panopolis）时代（公元3世纪）以来最受青睐的符号，也被称为单子（Monad）。

阿格里帕（Agrippa von Nettesheim）也认为，内在的人和外在的人共同构成了整体，构成了希波克拉底所谓的οὐλομελίη，即小宇宙，或"伟大本原"整体存在于其中的最小部分。他说：

> 所有柏拉图主义者都一致同意，正如在原型世界中，万物存在于一切之中；在这个物质世界中，万物同样存在于一切之中，尽管是以不同的方式，且按照接受

者的本性。因此，元素不仅存在于这个低劣的世界中，也存在于天界、星辰、魔鬼、天使并最终（也）存在于万物的创造者和原型中。

古人云："万物皆充满了神。"这些神是"遍布于万物中的神力"。琐罗亚斯德（Zoroaster）称之为"神圣的引诱"，而叙内修斯（Synesius）则称之为"象征的诱惑"。后一解释实际上非常接近现代心理学中的**原型投射概念**，尽管从叙内修斯时代到最近并不存在认识论批判，更不用说它的最新形式即心理学批判了。阿格里帕赞同柏拉图主义者的观点，认为"低等世界事物中的某种力量使它们在很大程度上与高等世界的事物相一致，因此，动物与'神圣物体'（天体）相关联，并以自己的力量对其产生影响"。这里，他引用了维吉尔（Vergilius）的诗句："我并不相信它们［乌鸦］具有神圣精神，也不相信它们对事物的预知能够超出神谕。"

因此，阿格里帕暗示，生物体中有一种与生俱来的"知识"或"想象"，今天，这一观点被汉斯·德里施（Hans Driesch）重新提到。不论我们是否喜欢，一旦我们开始认真反思生物学中的目的论过程或研究无意识的补偿功能，就会处于这种尴尬的境地，更不用说试图解释共时性现象了。所谓的目的因（不论我们如何曲解其含义）假设了**某种预知**。它当然不是一种可以与"我"相关联的知识，因此不是我们所知道的意识知识，而是一种独立自存的"无意识"知识，我想称之为"绝对知识"。它不是认知，而是莱布尼茨所谓的"想象"，它（似乎）由意象或无主体的"像"（simulacra）所组成。这些假设的意象大概就像我所说的**原型**，可以表明它们是自发幻想产物中的形式因素。用现代语言来说，包含"所有造物的意象"的小宇宙就是**集体无意识**。阿格里帕和炼金术士所说的世界精神（spiritus mundi）、灵魂与身体的纽带（ligamentum animae et corporis）、第五元素（quinta essentia），也许就是意指我们所说的无意识。按照他的说法，"穿透万物"或者塑造万物的精神就是世界灵魂："因此，世界灵魂是某种唯一的东西，它充满万物，流经万物，将万物组合和联系在一起，构成整个世界机器。"因此，这种精神在其中特别强大的事物倾向于"产生与自己相似的东西"，换句话说，产生联应或**有意义的巧合**。阿格里帕按照数字1

到 12 列出了一长串这种联应。在埃吉迪乌斯·德·瓦迪斯（Aegidius de Vadis）的一篇论文中可以找到一个类似的更偏炼金术的联应列表。在这些联应中，我只提到了"圣一之阶"（scala unitatis），因为从符号史的角度来看，它特别有趣："Yod［四字母圣名（tetragrammaton）的首字母］—anima mundi（世界灵魂）—sol（太阳）—lapis philoshophorum（哲人石）—cor（心）—Lucifer（路西法）。"我只能说，这是一种对原型进行排列的尝试，经验可以证明，这方面的倾向存在于无意识中。

阿格里帕比帕拉塞尔苏斯（Theophrastus Paracelsus）年龄稍长，是其同时代人。我们知道，阿格里帕对他产生了很大影响。因此，如果事实证明帕拉塞尔苏斯的思想中充满了联应观念，也是不足为奇的。他说：

> 一个人要想成为哲学家而不误入歧途，就必须把天和地看成一个小宇宙，以奠定他的哲学基础，而不能有丝毫错误。因此，一个人要想奠定医学基础，也必须杜绝任何轻微的错误，必须从小宇宙来理解天和地的

运转，这样哲学家在天和地那里找到的东西在人那里也能找到，医生在人那里找到的东西在天和地那里也能找到。这两者只在外在形式上有所不同，但两者的形式都被认为属于同一个事物。

《帕拉格拉努姆》（*Paragranum*）从心理学上对医生做出了一些直率的评论：

> 因此，［我们认为］奥秘不是四个，而是一个，不过它是四角形的，就像一座迎着四面来风的塔。一座塔不大可能少一个角，因此医生也不大可能少其中一个部分。……同时，他知道世界是如何由蛋壳里的鸡蛋来象征的，知道小鸡及其所有物质是如何隐藏在鸡蛋里的。于是，世界和人的一切都必定隐藏在医生那里。正如母鸡通过孵蛋把蛋壳中被象征的世界变成小鸡，炼金术也使医生那里的哲学奥秘变得成熟。……这就是那些不能正确理解医生的人的错误所在。

我在《心理学与炼金术》（*Psychology and Alchemy*）中已经通

过另一个例子详细表明了这对炼金术意味着什么。

开普勒也有类似的想法。他在《第三方调解》(*Tertius interveniens*, 1610) 中说：

> 根据亚里士多德的学说，这［物理世界背后的几何原则］也是将下界与上天关联和统一起来的最牢固的纽带，从而使其所有形式都受上面的支配；因为在这个下界或地球上存在一种内在的精神本性，它能做几何学，通过创造者不加推理的直觉 (ex instinctu creatoris, sine ratiocinatione) 更新自己，并通过天界光线的几何和谐联系来激励自己运用自己的力量。我不能说所有动植物和地球本身都有这种能力。但这并不是一件令人难以置信的事情。……因为在所有这些事物中［例如花朵有明确的颜色、形状和花瓣数量］，起作用的都是分有理性的神圣直觉 (instinctus divinus, rationis particeps)，而根本不是人自己的理智。但人凭借其灵魂和低级能力，也和土地一样与上天有这样一种密切关系，这一点可以以多种方式得到检验和证明。

关于这个占星学"特征",即占星共时性,开普勒说:

> 这一特征不是被接受到了身体中(因为这太不合适了),而是被接受到了灵魂自身的本性中,灵魂的本性表现得像一个点(因此,它也可以转变为光线的汇合[confluxus radiorum])。这种[灵魂的本性]不仅具有光线的理性(正因如此,我们人类才被称为比其他生物更理性),而且还有另一种固有的理性[使其能够]无须长时间的学习就能立即领会光线中的几何学以及声音或音乐中的几何学。
>
> 第三,另一件奇妙的事情是,接受这一特征的本性也会在其亲属的天界星座中引发某种对应。当一位怀孕的母亲快要分娩时,大自然会选择一个从天来看[从占星学的角度来看]与她的兄弟或父亲的出生相对应的日子和时辰来分娩(这不是定性的,而是天文学的和定量的)。
>
> 第四,每一个本性不仅非常清楚其天界特征,而且非常清楚每天的天界位形和运行,以至于只要一颗行星

移入其特征位置，特别是移入其出生时的位置，它就会对此做出反应，并以各种方式受到影响和刺激。

开普勒认为，我们可以在**地球**上发现这种奇妙对应的秘密，因为地球是由一种地球灵魂（anima telluris）激活的，他为这种地球灵魂的存在提供了许多证据，其中包括：地表以下的恒温；地球灵魂产生金属、矿物和化石的特殊能力，即形成力（facultas formatrix），它与子宫的能力相似，可以在地球内部产生只有在外部才能发现的形状，比如船、鱼、国王、教皇、僧侣、士兵等；此外还有几何学实践，因为它产生了五种几何体和晶体中的六角形。地球灵魂的这一切都源于一种原始冲动，而不是源于人的反思和推理。

占星共时性不在行星中，而在地球中；不在物质中，而在地球灵魂中。因此，物体中的每一种自然力或生命力都有某种"神圣相似性"。

* * *

由这种思想背景出发，莱布尼茨提出了"前定和谐"观念，即心灵事件与物理事件的绝对**同步**。这一学说最终表达为"心物平行论"概念。从根本上讲，莱布尼茨的前定和谐和叔本华的上述观念——第一因的统一性产生了本身并无直接因果关联的事件的同时性和相互关系——只是对亚里士多德主义观点的重复，只不过在叔本华那里具有一种现代的决定论色彩，而在莱布尼茨那里则部分程度上用一种先行的秩序取代了因果性。对莱布尼茨来说，上帝是秩序的创造者。他将灵魂和物体比作两个**同步化的时钟**，并用这一比喻来表达单子或隐德莱希（entelechy）彼此之间的关系。虽然单子不能直接相互影响（相对废除了因果性！），因为正如他所说，单子"没有窗户"，但单子的构成使得它们虽然互不了解却总是和谐一致。他认为，每个单子都是一个"小世界"或"活动的不可分的镜子"。不仅人是一个将整体包含在自己之内的小宇宙，实际上，每一个隐德莱希或单子也都是这样一个小宇宙。每一个"简单实体"都有一些关联，可以"表达所有其他实体"。它是"宇宙永恒的活镜子"。他将生物体的单子称为"灵魂"："灵魂遵循自己的法则，物体也遵循自己的法则，它们通过所有实体之间的前定和谐而一致，因为它们都是同一个宇宙的表征。"这清楚地表达了人是一个小宇宙的观点。莱布尼茨说："一般来说，灵魂是受造物宇宙的活的镜子或意象。"他区分了心灵和物体，心灵是"神的形象……能够认识宇宙体系，并通过严谨合理的结构模仿其中一些东西，每个心灵仿佛都是自己领域的一个小神"，物体"按照动力因法则或运动定律来起作用"，而灵魂则"按照目的因法则通过欲望、目的和手段来起作用"。在单子或灵魂中，"欲望"使变化发生。"包含并表达'一'或简单实体中的'多'的变化状态，只不过是我所谓的**知觉**（perception）。"莱布尼茨说，"知觉"是"单子的表达外部事物的内部状态"，应当把它与有意识的统觉（apperception）区分开来。"因为知觉是**无意识的**。"他认为，笛卡尔主义者就错在这里，"他们没有考虑未被感知的知觉"。单子的知觉能力对应于上帝那里的**知识**，其欲望能力则对应于上帝那里的**意志**。

由这些引述可以清楚地看出，除了因果关联，莱布尼茨还假设，单子内部和外部的事件之间有一种完全前定的平行性。于是，只要涉及一个内部事件与一个外部事件同时发生，共时性原则就成了绝对规则。但必须记住，可以用经验证实的共时性现象远非惯常，而是非常罕见，以至于大多数人都怀疑它们的存在。它们在现实中的发生频率肯定比我们想象或能够证明的高得多，但我们仍然不知道它们在某个经验领域是否发生得如此频繁和规律，以至于可以说它们的发生符合定律。今天我们只知道，一定有一个背后的原则，也许可以解释所有这些（相关的）现象。

除了因果性，原始理解以及古代和中世纪的自然观都假定了这样一种原则的存在。即使在莱布尼茨那里，因果性也既非唯一的观点，亦非占主导地位的观点。然后，到了18世纪，它成了自然科学的唯一原则。随着物理科学在19世纪的兴起，联应学说从表面上完全消失了，早期的魔法世界似乎已经彻底消亡，直到19世纪末，心灵研究学会的创立者们才通过研究所谓的心灵感应现象，间接重新开启了这个问题。

上面描述的中世纪思维方式是所有魔法和占卜程序的基础，自古以来，这些程序一直在人类生活中发挥着重要作用。中世纪的人会把莱因的实验安排视为**魔法**操作，因此其效果似乎并不那么令人惊讶。它被解释为"传递"，这在今天仍然很常见，尽管正如我所说，不可能就起传递作用的介质形成可用经验证实的观念。

我几乎无须指出，对原始心灵来说，共时性是一个自明的前提；因此，在这一阶段，并不存在所谓的偶然。没有任何事故、疾病、死亡是偶然的，或者是由"自然"原因引起的。一切事物都可以在某种程度上归因于一种魔法影响。一个男人在洗澡时碰到鳄鱼是**魔法师**安排的，疾病是由某种精灵或其他原因引起的，某人母亲的坟墓旁出现的蛇显然是她的灵魂，如此等等。当然，在原始阶段，共时性本身并不表现为一个概念，而是表现为"**魔法**"因果性。这是我们古典因果性概念的早期形态，而中国哲学的发展却从魔法的含义中产生了道的"概念"，即有意义的巧合的概念，而没有产生以因果性为基础的科学。

共时性假设了一种与人类意识有关的先验意义，这种意义显然存在于人类之外。这一假设尤其可见于柏拉图的哲学，后者假设存在着经验事物的先验形象或模型——εἴδη

（形式、相），我们在现象世界中看到的事物是它们的摹本（εἴδωλα）。在此前的数个世纪，这一假设不仅没有构成任何困难，反而是完全自明的。先验意义的观念亦可见于以前的数学，比如数学家雅可比（Jacobi）对席勒的诗《阿基米德与学生》的释义。雅可比赞扬了对天王星轨道的计算，并以下面的诗句结束：

> 你在宇宙中看到的只是上帝的荣耀之光；
> 在奥林匹斯众神那里，永恒的数统治着。

据说，大数学家高斯曾经说过："上帝做算术。"

"共时性"和"独立自存意义"的观念构成了中国古典思想和中世纪朴素观点的基础，在我们看来，这是一个应当竭力加以避免的陈旧假设。虽然西方已经尽一切可能来抛弃这个过时的假说，但并没有完全成功。某些占卜程序似乎已经消亡，但占星学仍然非常活跃，在我们这个时代已经达到了前所未有的显著地位。科学时代的决定论也未能完全消除共时性原则的说服力。因为归根结底，它与其说涉及迷信，

科学时代的决定论
也未能完全消除共时性原则的说服力。

因为归根结底,
它与其说涉及迷信,
不如说涉及某种真理。

不如说涉及某种真理，这种真理之所以被隐藏了很长时间，仅仅因为它与事件的物质方面关系不大，而与其心灵方面关系很大。正是现代心理学和超心理学证明了因果性不能解释事件的某种安排，在这种情况下，我们必须考虑把共时性这种**形式因素**当作解释的原则。

对于那些对心理学感兴趣的人，我想在这里提一下，那种独立自存的意义因素的独特观念也会在梦中得到暗示。有一次，我的圈子在讨论这一观念时，有人指出："除了在晶体中，几何正方形并不存在于自然中。"当天晚上，在场的一位女士做了这样一个梦：花园里有个大沙坑，里面堆着层层垃圾。在其中一层中，她发现了薄薄的绿蛇纹石板。其中一块石板上有一些同心排列的黑色方块。黑色方块不是涂在石头上的，而是像玛瑙的印记一样深深地印在石头上。在另外两三块石板上也发现了类似的印记，后来A先生（一个熟人）将这些石板从她那里拿走了。另一个相同类型的梦境主题如下："做梦者身处一座野山。在那里，他发现了一层层的三叠纪岩石。他松开石板，惊讶地发现石板上竟然有人头的浅浮雕。"这个梦曾在很长的时间里多次重现。还有一次,做梦者"正在穿越西伯利亚苔原,发现了他一直在寻找的动物。这是一只比真实尺寸更大的公鸡,像是由轻薄的无色玻璃所制成。但它是活的,刚刚偶然从一种微小的单细胞生物中产生,这种生物能够变成各种动物,甚至变成人类使用的任意大小的用具。随后一眨眼的工夫,每一种偶然形式都消失得无影无踪"。以下是另一个相同类型的梦:做梦者行走在一座林木繁茂的山里。在一个陡坡的坡顶,他来到一个布满孔洞的岩脊上。在那里,他发现了一个褐色小人儿,颜色和岩石上覆盖的氧化铁一样。这个小人儿正忙着挖洞,在洞的后面可以看到天然岩石中有一堆柱子。每根柱子顶部都有一个长着深褐色大眼睛的人头像,由某种非常坚硬的石头(比如褐煤)精心雕刻而成。这个小人儿从周围无定形的砾岩中发掘出这一地层。起初,做梦者几乎不敢相信自己的眼睛,但随后不得不承认,这些柱子一直延伸到天然岩石深处,因此一定是在没有人帮助的情况下形成的。他觉得岩石至少有50万年的历史,这件艺术品不可能是由人手制作出来的。

这些梦似乎在暗示,自然之中存在着一个形式因素。它们不仅涉及自然的恶作剧,而且涉及一种绝对的自然产物与一种独立于它的人类观念之间的有意义的巧合。这正是梦明显在说的东西,也是梦试图通过重复带给意识的东西。

结论

第 四 章

我并不认为这些陈述是对我观点的最终证明，它们只是由经验前提得出的结论，至于这个结论，我想交由我的读者来考虑。根据我们面前的材料，我无法得出别的足以解释事实（包括超感知觉实验）的假说。我清楚地意识到，共时性是高度抽象和无法描述的。它将某种类心灵性质归于运动物体，这种性质像空间、时间和因果性一样，构成了运动物体行为的一种标准。我们必须完全放弃心灵与大脑以某种方式相关联的观点，而是要记住，低等生物即使没有大脑也有"有意义的"或"理智的"行为。这里，我们距离我所说的与大脑活动无关的形式因素更近了。

如果是这样，我们就必须问问自己，灵魂与身体的关系是否可以从这个角度来考虑，也就是说，生物的心灵过程与物理过程的协调是否可以理解成一种共时性现象，而不是一种因果关系。赫林克斯和莱布尼茨都认为，心灵与物质的协调是上帝的行为，是某种经验以外的原则。另一方面，假设心灵与物体之间存在因果关系，会导致难以与经验相一致的结论：要么是物质过程引发了心灵事件，要么是预先存在的心灵组织了物质。在前一种情况下，很难看出化学过程如何能够产生心灵过程，而在后一种情况下，我们想知道非物质的心灵如何能使物质运动起来。我们无须想到莱布尼茨的"前定和谐"或任何类似的东西，它必须是绝对的，并且表现为一种普遍的联应和共感，就像叔本华所说的位于同一纬度的时间点的有意义的巧合。共时性有一些性质，也许有助于解决身体—灵魂问题。最重要的是，非因果的秩序，或者更确切地说，有意义的秩序，也许有助于揭示心灵—物理的平行性。共时性现象所特有的、不以感觉器官为中介的"绝对知识"，支持了一种独立自存意义的假说或表达了这种意义的存在。这种存在形式只能是**先验的**，因为正如关于未来事件或空间上遥远的事件的知识所表明的，它处于与心灵相关的空间和时间中，也就是说，处于一种无法描述的时空连续体中。

从这个角度来看，也许我们值得花时间更仔细地考察某些经验，这些经验似乎暗示，通常认为的无意识状态中存在一些心灵过程。这里我主要想到的是在急性脑损伤所引起的深度昏厥案例中所得出的值得注意的观察结果。与所有预期相反，严重的头部损伤并不总是伴随着相应的意识丧失。在观察者看来，伤者似乎无动于衷，"精神恍惚"，对什么都没有意识。然而在主观上，意识绝没有消失。与外界的意义交流虽然在很大程度上受到限制，但并不总是完全被切断，尽管（例如）吵嚷的噪声可能会突然让位于一阵"庄严"的沉默。在这种状态下，有时会出现一种非常清晰和令人印象深刻的飘起来的感觉或幻觉，伤者似乎以受伤时的姿势升到了空中。如果他是站着受伤的，他会以站着的姿势升到空中；如果是躺着受伤的，他会以躺着的姿势升到空中；如果是坐着受伤的，则会以坐着的姿势升到空中。有时候，他周围的环境似乎也会随他一起升起，比如他受伤时所处的整个掩体。飘浮的高度可以是从 18 英寸到几码的任何高度。所有重量感都消失了。在少数情况下，伤者会认为自己是在挥动手臂做游泳动作。如果他对周围的环境有任何感知，那似乎多半是想象出来的，也就是由记忆的意象所组成的。在飘浮过程中，情绪主要是欢欣愉快的。"'愉快、庄重、神圣、宁静、放松、幸福、期待、激动'是用来形容它的词。……各种各样的'升天体验'。"扬茨（Jantz）和贝林格（Beringer）正确地指出，一些微小的刺激，比如呼唤伤者的名字或者触摸他们，就能使伤者从昏厥中醒来，反而最猛烈的噪声却可能没有任何效果。

从由其他原因引起的深度昏迷中也可以观察到同样的情况。我想举个我自己医疗经验中的例子。我有一名非常诚实可靠的女性患者，她告诉我，她的首次分娩非常艰难，挣扎了30个小时都没有生下孩子，医生认为需要产钳分娩。这个过程是在轻度麻醉的状态下进行的。她身体饱受折磨，大量失血。等医生、她的母亲和丈夫离开，一切收拾停当之后，护士想去吃点东西，走到门口转过身来问她："我去吃晚饭之前你还有什么需求吗？"她想回答，却又力不从心。她感觉自己好像在向下穿透病床，坠入无底的虚空。她看到护士急忙走到床边，抓住她的手为她量脉搏。从护士来回移动她手指的动作来看，她认为脉搏一定是几乎感觉不到了。然而，她自己感觉很好，觉得护士的惊慌有些好笑。她一点也不害怕。在很长一段时间里，这是她记得的最后一件事。接下来她意识到，她感觉不到自己的身体和位置，她正在从天花板的一个地方**向下看**，可以看到下面房间里发生的一切：她看到自己躺在床上，脸色苍白，闭着眼睛。护士站在她旁边。医生在房间里焦急地走来走去，在她看来，医生已经手足无措，不知如何是好。她的亲人挤在门口。她的母亲和丈夫走到床前，一脸惊恐地看着她。她告诉自己，他们太傻了，竟然认为她要死了，因为她肯定可以活过来。这时她知道，自己身后是一片类似公园的美丽风景，闪烁着最明亮的光彩，尤其是一片翠绿色的浅草地，从通往公园的铁门向外缓缓向上延伸。此时正值春天，草地上散落着她从未见过的鲜艳小花。整个庄园在阳光下闪闪发光，所有颜色都美丽得难以形容。斜坡状的草地两侧长着深绿色的树木，让她觉得这是森林中的一片从未有人来过的空地。"我知道这是通往另一个世界的入口，如果我转过身来直视这片风景，我会很想走进这道门，从而离开生命。"她并没有真的**看到**这片风景，因为她是背对着的，但她**知道**它就在那里。她觉得没有什么能够阻止她走进这道门。但她知道她会重新回到自己的身体，不会死去。这也是她觉得医生的焦急和亲人的痛苦愚蠢且不必要的原因。

接下来发生的事情是，她从昏迷中醒来，看到护士在床边弯下腰来。她被告知已经昏迷了大约半个小时。第二天，大约15个小时以后，她感觉有了点气力，就向护士讲述了医生在她昏迷期间的无能为力和"歇斯底里"的行为。护士极力否认这种批评，认为患者当时完全失去了意识，因此应该对当时的情况一无所知。直到她事无巨细地将自己昏迷期间所发生的描述了出来，护士才不得不承认，患者对事情的感知与现实中发生的完全一样。

人们可能会猜测，这只是一种心理性的朦胧状态，在这种状态下，有一部分意识仍然在起作用。然而，正如所有令人担忧的外在症状所表明的一样，患者从未处于歇斯底里的状态，她因为脑贫血而出现了心脏衰竭和晕厥。她确实处于昏迷状态，本应完全失去意识，根本无法进行清晰的观察和可靠的判断。令人惊讶的是，她不是通过间接或无意识的观察来直接感知当时的情况的，而是从**上方**看到了整个情况，正如她所说的，"眼睛仿佛在天花板上"。

的确，很难解释这种异常强烈的心灵过程是如何在严重昏迷的状态下发生并且被记住的，以及患者是如何闭着眼睛观察到实际事件的具体细节的。人们会认为，这种明显的脑贫血应当会抑制或阻碍那种高度复杂的心灵过程的发生。

1927年2月26日，奥克兰·格迪斯（Auckland Geddes）爵士向皇家医学会提交了一个非常相似的病例，在这个病例中，超感知觉更加离奇。在昏迷状态下，这名患者注意到有一部分意识离开了自己的身体意识，身体意识逐渐消融于身体的各个器官，而那一部分意识则具有可证实的超感知觉。

这些经验似乎表明，在昏厥状态下，按照所有人类标准，意识活动尤其是感官知觉肯定都是停止的，但出乎所有人的预料，意识、可再现的观念、判断行为和感知仍然能够继续存在。与之伴随的飘浮感、视角的改变、听觉和普通感觉的消失表明，意识的位置改变了，它离开了据信为意识现象所在地的身体、大脑皮层或大脑。如果我们的这一假设是正确的，那么我们必须问问自己，除了大脑，我们体内是否还有其他可以思考和感知的神经基质，以及在我们失去意识期间进行的心灵过程是不是共时性现象，也就是说，是否是与有机过程没有因果关联的事件。由于存在着超感知觉，即不能通过生物基质过程来解释的、独立于空间和时间的感知，我们不能立即把最后这种可能性排除在外。如果感官知觉从一开始就不可能，那么这几乎只可能与共时性有关。但如果有一些时空条件使知觉和统觉原则上成为可能，而且消失的只是意识活动或皮层功能，并且如我们的例子所示，知觉和判断等意识现象仍然出现，那么就很可能要考虑神经基质的问题。意识过程与大脑有关，而较低的中枢只包含本身无意识的反射链，这几乎是不言自明的。交感神经系统尤其如此。因此，只有链状神经系统而没有脑脊髓神经系统的昆虫，被视为反射自动机。

然而最近，格拉茨的冯·弗里施（von Frisch）通过对蜜蜂生活进行研究，对这一观点提出了挑战。事实证明，蜜蜂不仅可以通过一种特殊的舞蹈告诉同伴它们找到了觅食的地方，还可以指示其方向和距离，从而使小蜜蜂能够直接飞到那里。这种信息与人类传递的信息并没有什么原则上的不同。在人类传递信息时，我们肯定会把这种行为看成有意识和有意图的，很难想象有人会在法庭上证明这种行为是在无意识的情况下发生的。虽然在特殊情况下，我们可能会根据精神病学的经验承认，客观信息可以在一种朦胧状态下进行传递，但我们会明确否认这种传递通常是无意识的。当然，可以假设蜜蜂的信息传递过程是无意识的，但这无助于解决问题，因为我们仍然面临这样一个事实，即链状神经系统似乎能够达到与大脑皮层完全相同的结果。此外也没有任何证据表明蜜蜂是无意识的。

因此，我们得出的结论是，像交感神经系统这样一种在起源和功能上与脑脊髓系统完全不同的神经基质，显然可以和脑脊髓系统一样容易产生思维和感知。那么我们该如何看待脊椎动物的交感神经系统呢？它也能产生或传递特定的心灵过程吗？冯·弗里施的观察证明了超脑思维和感知的存在。如果我们想解释在无意识昏迷期间某种意识形式的存在，就必须把这种可能性牢记在心。在昏迷期间，交感神经系统并没有瘫痪，因此可以被视为心灵功能的可能载体。如果是这样，那么就必须追问，睡眠中正常的无意识状态及其包含的潜在有意识的梦，是否也可以从类似的角度来看待？换句话说，梦是否不是由睡眠的大脑皮层的活动产生的，而是由未睡眠的交感神经系统产生的，所以是超越大脑的？

在我们目前无法自称理解的心物平行论领域之外，共时性现象的规律性并不容易证明。事物之间的不和谐让人印象深刻，事物之间偶然的和谐也让人感到惊讶。与前定和谐观念不同，共时性因素只是规定存在一个为理智活动所必需的原则，除了公认的空间、时间和因果性三元组，该原则可以作为第四个补充进来。这些因素是必要的，但不是绝对的——大多数心灵内容都是非空间的，时间和因果性都与心灵相关——同样，共时性因素也被证明只在一定条件下有效。因果性可以说毫无限制地统治着整个宏观物理世界，其普遍统治只在某些较低数量级上才被动摇，而共时性则是一种似乎主要与心灵状况也就是与无意识过程有关的现象。实验发现，共时性现象以一定程度的规律性和频率出现在直觉的"魔法"程序中，虽然主观上令人信服，但客观上极难验证，也无法从统计上进行评估（至少目前是如此）。

在有机层面，也许可以按照共时性因素来看待生物的形态发生。（布鲁塞尔的）达尔克（A. M. Dalcq）教授将形态（尽管与物质有关联）理解为一种"高于生命物质的连续性"。詹姆斯·金斯（James Jeans）爵士认为，放射性衰变属于非因果事件，正如我们看到的，共时性事件也属于非因果事件。他说："放射性衰变似乎是一种**非因果的作用**，这暗示着，最终的自然定律甚至不是因果律。"这个出自物理学家笔下的极为悖谬的表述典型地说明了放射性衰变使我们面临的理智困境。放射性衰变，或者更确切地说是半衰期现象，实际上显示为一种非因果的有序性——共时性也属于这种非因果的有序性，稍后我还会回到这一点。

共时性不是一种哲学观点，而是一个经验概念，它假定了一个为认识所必需的原则。这既非唯物主义，亦非形而上学。任何严肃的研究者都不会断言，被观察者的本质以及观察者（即心灵的本性）是已知的、公认的东西。如果科学的最新结论越来越接近于一种统一的存在概念，一方面以空间和时间为特征，另一方面以因果性和共时性为特征，那么这与唯物主义毫无关系。相反，它似乎表明有可能消除被观察者与观察者之间的不可公度性。倘若如此，结果将是一种存在的统一性，必须用一种新的概念语言——泡利（W. Pauli）曾经贴切地称之为"中性语言"——来表达它。

于是，经典物理学的三元组，即空间、时间和因果性，将被共时性因素补充为四元组，使整体判断成为可能：

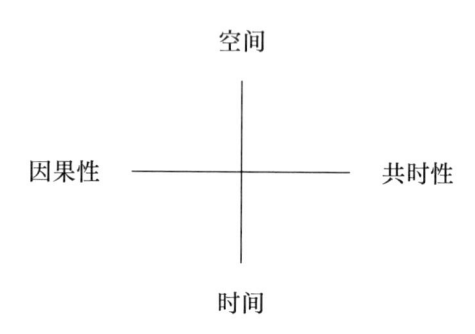

```
              空间
               │
               │
因果性 ────────┼──────── 共时性
               │
               │
              时间
```

这里，共时性之于其他三个原则，就如同时间的一维之于空间的三维，或者像柏拉图在《蒂迈欧篇》中所说的只能"强行"与其他三个相混合的顽固的"第四性"。正如现代物理学把时间作为第四维引入进来假设了一个无法描述的时空连续体，共时性观念及其固有的意义性也产生了一种令人困惑的无法描述的世界图景。不过，补充这一概念的好处在于，它使一种观点成为可能，这种观点把类心灵因素即一种先验意义（或"相似性"）包括在了我们对自然的描述和认识中。1500年以来，这个问题像一条红线贯穿于炼金术士的思辨中，它不断自我重复和自我解决，即所谓的犹太女人（或科普特人）**玛利亚公理**（axiom of Maria the Jewess［or Copt］）："三生的四又回到一。"这一神秘观点证实了我上面所说的，即新观点通常并不是在已知领域发现的，而是在一些偏僻的、隐蔽的甚至名声不好的地方发现的。炼金术士一直梦想让化学元素发生嬗变，这个备受嘲笑的想法在我们这个时代已经得到实现，事实表明，同样成为嘲笑对象的它的象征意义已经成为无意识心理学的一座名副其实的金矿。他们在三与四之间进行选择的困境源于《蒂迈欧篇》的一则背景故事，它一直延伸到《浮士德》第二部中的卡贝罗伊（Cabiri）场景，16世纪的炼金术士格哈德·多恩（Gerhard Dorn）认为，这其实是要在基督教的三位一体与四角蛇即魔鬼之间做出抉择。仿佛预感到即将发生的事情，他诅咒了炼金术士通常非常喜爱的异教四位一体，理由是它源于"二元性"(binarius)，也就是源于某种物质的、阴性的和魔鬼的东西。玛丽－路易丝·冯·弗朗茨（Marie-Louise von Franz）博士表明，三位一体思想已经出现在特雷维索的伯纳德（Bernard of Treviso）的《寓言》(*Parable*)、昆拉特（Khunrath）的《竞技场》(*Amphitheatrum*)、米夏埃尔·迈尔（Michael Maier）的著作以及匿名作者的《贤哲的培养缸》(*Aquarium sapientum*)那里。泡利提请注意开普勒与罗伯特·弗拉德（Robert Fludd）之间的论战，在这些论战中，弗拉德的联应学说落败，不得不让位于开普勒的三原则学说。人们先是决定支持在某些方面与炼金术传统背道而驰的三元组，随后是一个科学时代，它对联应一无所知，而是热情地坚持一种三元组的世界观，它延续了三位一体的思维方式，即用空间、时间和因果性来描述和解释世界。

放射性的发现所带来的革命极大地改变了经典物理学的观点。这种改变是如此之大，以至于我们不得不修改我前面论述基于的经典图式。由于泡利教授对我的研究表现出的友好兴趣，我得以同一位专业物理学家讨论这些原则问题，同时他又能理解我的心理学论点，这使我能够提出一个建议：将现代物理学也考虑进来。泡利建议用能量（守恒）和时空连续体来取代经典图式中空间与时间的对立。这一建议让我对"因果性和共时性"这一对立有了更进一步的描述，从而在这两个异质的概念之间建立某种关联。最终，我们就以下四元组达成了一致意见：

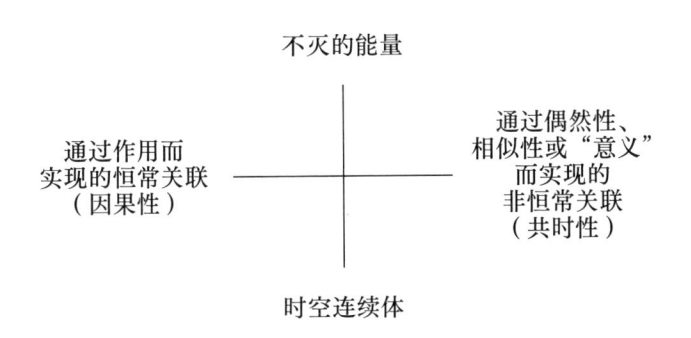

```
                    不灭的能量
                        │
                        │       通过偶然性、
 通过作用而              │       相似性或"意义"
 实现的恒常关联 ─────────┼─────── 而实现的
 （因果性）              │       非恒常关联
                        │       （共时性）
                        │
                    时空连续体
```

该图式一方面满足了现代物理学的假定，另一方面也满足了心理学的假定。心理学观点还需要进一步解释。如上所述，似乎不可能对共时性做出因果论解释。共时性本质上是由"偶然"的相似物组成的，其中间参照体建立在我称之为原型的类心灵因素之上。这些原型是**不明确的**，也就是说，它们只能近似地被认识和确定。尽管伴随着因果过程，或者说由因果过程所"承载"，但它们不断超出其参照系（我将这种侵犯称为"越界"），**因为原型并非只出现在心灵领域，而是也同样多地出现在非心灵领域**（外在物理过程与心灵过程的相似）。原型相似物与因果决定的关系是**偶然**的，也就是说，它们与因果过程之间并不存在符合定律的关系。因此，它们似乎是随机性或偶然性的特殊例子，或如安德烈亚斯·施派泽（Andreas Speiser）所说，是"以完全符合定律的方式贯穿于时间"的"随机状态"的特殊例子。它是一种初始状态，这种状态"不受机械论定律的支配"，却是与定律有关的偶然前提或基础。如果我们把共时性或原型看成偶然的，那么原型就呈现出一种**模式**的特定方面，这种模式在功能上具有一个世界构成因素的意义。原型代表**心灵的可能性**，因为它以**类型**的方式描绘了普通的本能事件。它是心灵一般可能性的特例，这种一般可能性"由偶然事物的定律所组成，并像力学那样为自然制定规则"。我们必须同意施派泽的观点，即虽然至少在纯理智领域，偶然事物是"一种无形之物"，但对心灵的内省来说——只要内感知能够把握它——它却呈现为一个形象，或者更确切地说，呈现为一个类型，该类型不仅是心灵相似物的基础，而且令人惊讶的是，也是心灵-物理相似物的基础。

我们很难摆脱概念语言的因果论色彩。因此，"根本的"（underlying）虽然有其因果论的语词外衣，但并非对应任何因果事实，而仅仅指**一种单纯的存在或"如此这般的存在"**，即一种无法进一步还原的偶然性。一般来说，彼此之间并无因果关系的心灵状态与物理状态的有意义的巧合或相似性意味着一种非因果的形态、一种"非因果的有序性"。现在的问题是，我们根据心灵过程与物理过程的相似性对共时性所作的定义能否得到**扩展**，或者更确切地说，是否需要扩展。当我们将上述更广泛的共时性概念视为一种"非因果的有序性"时，这一要求似乎是必需的。所有"创造行为"，或者更确切地说先验因素，比如整数的性质、现代物理学的不连续性等，都属于这一范畴。因此，我们必须将恒常的、实验可随时重复的现象纳入我们扩展概念的范围，尽管这似乎与狭义共时性概念所理解的现象本质并不一致。狭义共时性所理解的现象大多是无法通过实验重复的个别案例。当然，正如莱因的实验以及其他许多有透视能力的人的经验所表明，这并不完全正确。这些事实证明，即使在没有共同之处并且被视为"奇事"的个别案例中，也存在某些规律性和恒常的因素，由此必须得出结论，我们狭义的共时性概念可能过于狭窄，因此需要扩展。事实上，我倾向于认为，**狭义的共时性只是一般的非因果有序性**（心灵过程与物理过程的相似性，此时观察者有幸能够识别出中间参照体）的**一个特例**。然而，观察者一旦感知到原型基础，就不禁想把独立的心灵过程与物理过程的相互同化追溯到原型的一种（因果）作用，从而忽视其纯粹偶然性。如果将共时性视为一般非因果有序性的一个特例，这种危险就可避免。由此也可以避免非法地增加解释原则：**原型是先验心灵秩序的可通过内省来认识的形式**。现在，如果一个外在的共时性过程与它相关联，它就落入了同一种基本模式，换句话说，它也是"有序的"。这种有序性形式不同于整数性质或物理学的不连续性等有序性形式，因为后者恒常且有规律地存在，而心灵的有序性形式则是**时间中的创造行为**。顺便说一句，这也是我强调时间要素是这些现象的典型特征并且称之为**共时性**现象的更深原因。

现代对不连续性的发现（比如能量量子的有序性、镭的衰变的有序性等）终结了因果性的统治，从而终结了原则三元组。后者失去的领地以前属于联应和共感，这些概念在莱布尼茨的前定和谐概念那里得到了最大的发展。叔本华对联应观念的经验基础知之甚少，未能意识到他所尝试的因果论解释是多么没有希望。今天，由于超感知觉实验，有大量经验材料可供我们使用。当我们从哈钦森（G. E. Hutchinson）那里得知，索尔（S. G. Soal）和戈德尼（K. M. Goldney）所做的超感知觉实验得到的结果概率为 $1:10^{31}$（相当于25万吨水中的分子总数）时，我们就可以对这些事实的可靠性形成一些印象。在自然科学领域，很少有实验结果可以达到如此高的确定性。实际上，对超感知觉的过分怀疑没有充分根据。今天，其主要原因仍然是纯粹的无知，不幸的是，如今这种无知几乎不可避免地伴随着专业化，并以不合时宜的有害方式从更高、更广的角度遮蔽了专业研究必然有限的视野。我们已经多次看到，所谓的"迷信"看法包含着一个非常值得认识的真理内核！"愿望"一词原初的魔法含义仍然保留在"许愿棒"（占卜棒或魔杖）中，不仅表达了渴望意义上的愿望，而且表达了一种（魔法）作用，这种魔法作用以及对祈祷效力的传统信仰，都建立在相伴随的共时性现象的经验基础上。

共时性并不比物理学的不连续性更令人困惑或更神秘。只是人们顽固地相信因果性全能，才给理智造成了困难，并使非因果事件的发生或存在变得不可想象。但如果这些事件确实存在或发生了，我们就必须在一种模式的连续创造（creatio continua）的意义上将其视为**创造行为**，这种模式亘古存在，偶尔会重复发生，而且并非源于任何可确定的前情。当然，我们必须防止把每一个原因不明的事件都视为"非因果的"。正如我所强调的那样，只有当原因甚至无法设想时，这才是可接受的。但可设想性本身就是一个需要严厉批判的概念。例如，倘若按照原初的哲学概念来理解原子，那么原子的可分性将是不可设想的。然而，一旦证明原子是某种可测量的东西，它的不可分性就变得不可设想了。有意义的巧合可被视为纯粹的偶然。但有意义的巧合越多，联应越大、越精确，其发生的概率就越低，其不可设想性就越高，直到它们不再被视为纯粹的偶然，而是由于缺乏因果

人们顽固地相信因果性全能,
　　才给理智造成了困难,

并使非因果事件的发生或存在
变得不可想象。

的可解释性，不得不被视为有意义的安排。然而，正如我所说，它们的"缺乏可解释性"并非因为原因不明，而是因为原因甚至在理智上都无法设想。当空间和时间失去意义或变得相对时，情况必然如此，因为在这种情况下，我们不再能够说以空间和时间为前提的因果性是存在的，它已经变得完全不可设想。

因此在我看来，除了空间、时间和因果性，有必要引入这样一个范畴，它使我们不仅能将共时性现象理解为一类特殊的自然事件，还能将偶然一方面当作一个亘古存在的一般因素，另一方面则当作在时间中发生的无数个体创造行为的总和。

论共时性

附 录

1951年荣格在瑞士阿斯科纳的埃拉诺斯会议上所作的演讲

在阐述本文所要讨论的概念之前，似乎应当先对它进行定义。但我宁可换一种做法，先来简述共时性概念所要涵盖的事实。如其词源所示，这个词与时间有关，或者更准确地说，与一种"同时性"（simultaneity）有关。如果不用"同时性"，我们也可以使用两个或多个事件的"有意义的巧合"（meaningful coincidence）这一概念，这里涉及的不只是偶然概率。事件在统计上的——可能的——同时发生，比如医院里的"病例重复"，属于偶然事件的范畴。这种组合可以由任意多个项所组成，并且仍然处于或然的、理性上可能的范围内。例如，有人偶然注意到自己电车车票上的数；回家后，他接到一个电话，电话里也提到了这个数；晚上，他买了一张戏票，票上也是同样的数。这三个事件构成了一个偶然组合，虽然不大可能经常发生，但从其中每一项发生的频率来看，它仍然处于概率范围内。我想结合自己的经验讲讲以下多达 6 项的偶然组合：

1949 年 4 月 1 日早上，我记录了一段铭文，其中包含一个半人半鱼的形象。午餐吃的是鱼。有人提到了"四月鱼"这个愚人节习俗。下午，我数月未见的一名患者给我看了她在此期间画的几幅令人印象深刻的鱼。晚上，我看到一幅绣有海怪和鱼的刺绣。第二天早上，一名十年未见的患者来拜访我，说她头天晚上梦见一条大鱼。几个月后，我把这一连串事件用于一部更大的作品，写完以后，我走到房前湖边的一个地方，那天早上我已经去过那里好几次了，这一次却发现一条一英尺长的鱼躺在防波堤上。由于没有其他人在场，我不知道这条鱼是怎么到那里的。

随着这样的巧合积累得越来越多，你不可能不深受触动——因为巧合出现的次数越多，或者其特征越不寻常，它就越不可能发生。我认为这是一个偶然的组合，我在其他地方提到过理由，这里不再讨论。但必须承认，它比单纯的重复更不可能。

在上述电车车票的例子中，我说观察者"偶然"注意到那个数并将其记了下来，而在通常情况下他是不会这样做的。这构成了一连串偶然事件的基础，但我不知道是什么让他注意到那个数。我认为，在对这一连串事件进行判断时，需要注意一个不确定因素的进入。我在其他案例中也观察到了类似的情况，但未能得出任何可靠的结论。然而，有时很难避免这样一种印象，即对将要发生的一连串事件有某种预知。正如经常发生的那样，一个人觉得自己会在街上遇到一位老友，却失望地发现碰到的是个陌生人，而在下一个转弯处却碰上了这位老友，此时这种感觉会变得非常强烈。这种情况会以各种可能的形式出现，而且绝非罕见。通常情况下，我们当时会有点惊讶，然后很快就忘掉了。

预知到的事件细节越丰富，就越会确定有预知这回事，越会觉得这不是偶然的。我还记得一个同窗学友的故事，他的父亲答应他，如果他顺利通过期末考试，就可以去西班牙旅行。我的朋友随即梦见自己去了西班牙，在一座城市里漫步。这条街通向一个广场，那里有一座哥特式大教堂。他接着右转，在拐角处走进了另一条街，看到两匹奶油色的马拉着一辆精美的马车。然后他就醒了。我们坐在一起喝啤酒时，他给我们讲述了这个梦。不久，他顺利通过了考试，真的去了西班牙，在那里的一条街上，他认出这正是自己梦到的城市。他找到了与梦中一模一样的广场和大教堂。他本想直接走到大教堂，但想起他在梦中是右转，并在拐角处走进了另一条街。他很好奇自己的梦是否会得到进一步证实。他刚转过拐角，真就看见两匹奶油色的马拉着一辆马车。

正如我在许多案例中发现的，这种似曾相识的感觉都是基于梦里的预知，但我们看到，这种预知也可以发生在醒着的时候。在这种情况下，纯粹的偶然就变得极不可能了，因为巧合是事先已知的。因此，它不仅在心理上和主观上，而且在客观上都失去了偶然性，因为随着巧合的细节不断增多，偶然性越来越不可能作为一个决定因素。（关于对死亡的正确预知，达里埃和弗拉马里翁计算出概率在 1∶4000000 到 1∶8000000 之间。）因此，在这些情况下，谈论"偶然"发生是不合适的。这其实是一个"有意义的巧合"问题。通常情况下，人们是通过预知来解释这些事件的。人们也谈论透视能力、心灵感应等，但无法解释这些能力是由什么组成的，也无法解释它们是用什么传递手段使我们能够感知到空间和时间上相距遥远的事件。所有这些观念都只是一些名称，它们不是科学概念，不能被当作对原则的陈述，因为还没有人能在有意义的巧合的构成要素之间建立起因果关联。

莱因通过超感知觉实验，为在这些现象的广阔领域进行研究奠定了可靠的基础。他将一副25张的卡片分成5组，每组5张，每张卡片上都有自己的特殊符号（星形、方形、圆形、十字形、两条波浪线）。实验如下：在每一组实验中，在受试看不到卡片的情况下，翻开卡片800次。在翻开之际，让受试猜测图案。猜中的概率为1∶5。大量数据表明，平均猜中次数为6.5，偶然偏差为1.5的概率仅为1∶250000。有些受试的猜中次数要比概率高两倍以上。有一次，所有25张牌都被猜中了，其概率为1∶298023223876953125。主试与受试的空间距离从几码增加到约4000英里，对结果都没有任何影响。

第二类实验也是让受试猜测一副卡片，但这些卡片要在一段时间之后才会翻开，时间从几分钟到两周不等。这些实验的结果是，其概率为 1∶400000。

在第三类实验中，受试心里想着某个数，以此来影响机械掷出的骰子的下落。每次使用的骰子越多，这个所谓的心灵致动（PK）实验的结果就越是肯定的。

空间实验的结果较为确定地证明，心灵可以在某种程度上消除空间因素。时间实验则证明，时间因素（至少在未来的维度上）可以变得与心灵相关。而骰子实验则证明，运动物体也会受到心灵的影响——这一结果可以从空间和时间的心灵相对性中预测出来。

事实表明，能量假设并不适用于莱因的实验，这样便排除了所有关于力的传递的想法。同样，因果律也不成立——我在 30 年前就已经指出了这个事实——因为我们无法设想一个未来的事件如何能够引发一个现在的事件。既然目前任何因果解释都是不可能的，我们就必须暂时假设，不大可能发生的非因果事件——有意义的巧合——已经出现。

在思考这些引人注目的结果时，我们必须考虑莱因发现的一个事实，即在每一组实验中，起初的结果都比后来的要好。猜中率的下降与受试的情绪有关。起初的信心和乐观情绪会带来好的结果，而怀疑和抗拒则会带来反效果，也就是产生不利的倾向。既然用能量的也就是说因果的方法来解释这些实验已经行不通，所以情感因素的意义就是一个让现象的发生成为可能的**条件**，尽管不是必需的。根据莱因实验的结果，我们可以预料会猜中 6.5 次，而不是只有 5 次。但我们无法提前预测何时会猜中。如果我们能够提前预测，我们涉及的将是一个定律，而这将与该现象的整个本质相悖。正如我们所说，它是不大可能发生的，就像出现频率超出了纯粹概率频率的一次"幸运猜中"或偶然事件，而且通常依赖于某种情感状态。

这一观察已被彻底证实，它暗示，改变甚至消除物理学家世界图景背后原则的心灵因素与受试的情感状态有关。尽管超感知觉实验和心灵致动实验的现象学可以通过上述类型的进一步实验而得到大大丰富，但更深入地研究其基础将不得不涉及相关情感的本质。因此，我把注意力集中于我在长期行医过程中不经意间遇到的某些观察和经验。它们都与自发的、有意义的巧合有关，这些巧合是如此不可能，以至于几乎完全不可思议。为了说明这类现象的特征，这里我只讲一个例子。无论你是拒绝相信这个特殊的案例,还是用特设性解释来处理它,这都无关紧要。我可以告诉你一大堆这样的故事,从原则上讲,这些故事并不比莱因得出的无可辩驳的结果更令人惊讶或难以置信,而且你很快就会发现,几乎每一个例子都需要自己的解释。然而,由于空间和时间变得与心灵相关,而空间和时间共同构成了因果关系不可或缺的前提,所以从自然科学的角度来看,唯一可能的因果解释已经失效。

我的例子与一名年轻的女性患者有关,虽然我们双方都做出了努力,但事实证明,我还是没能进入她的心理世界。困难在于,她对每件事都懂得太多。她所受的良好教育为她提供了非常适合这一目的的精良武器,即一种非常精致的笛卡尔理性主义以及"几何学的"完美实在观。我曾数次尝试用某种更加人性化的理解来弱化她的理性主义,但都以失败告终,此后我不得不指望出现某种意想不到的非理性事件,能够打破她的思想禁锢。有一天,我坐在她对面,背对着窗户,听她滔滔不绝地讲话。头天晚上,她做了一个奇特的梦,梦见有人送给她一块金色的圣甲虫形宝石——一件贵重的珠宝。她在讲述这个梦时，我听到身后有什么东西在轻轻敲着窗户。我转过身来，看到一只挺大的飞虫正从外面敲击窗玻璃，显然是想进入这个黑暗的房间。我觉得这很奇怪，便立即打开窗户，在它飞进来时抓住了它。这是一只普通的玫瑰金龟子，它的金绿色与金色圣甲虫形宝石极其相似。我把它递给我的患者，并说"这就是你的圣甲虫"。这段经历刺穿了她的理性主义，打碎了她思想抗拒的坚冰。现在治疗得以继续，且疗效显著。

这个故事只是我和许多人观察并记录下来的无数有意义的巧合案例中的一例。这些案例包括所谓的透视能力、心灵感应等，比如斯威登堡证据确凿地看到了斯德哥尔摩大火，以及空军中将维克托·戈达德爵士（Sir Victor Goddard）最近所述的一位佚名军官的梦，梦中预言了戈达德的飞机后来发生的事故。

我提到的所有现象可以分为三组：

1. 观察者的心灵状态与同时发生的、客观的，与心灵的状态或内容（如圣甲虫）相对应的外部事件的巧合，这里没有证据表明心灵状态与外部事件之间存在因果关联，而且考虑到空间和时间的心灵相对性，这种关联甚至是无法设想的。

2. 心灵状态与在观察者感知范围之外即在远处发生的、只能事后验证的（如斯德哥尔摩大火）、对应的（或多或少同时发生的）外部事件的巧合。

3. 心灵状态与同样只能事后验证的、尚未存在的、在时间上还很遥远的、对应的未来事件的巧合。

在第 2 组和第 3 组现象中，巧合事件尚未出现在观察者的感知范围内，但已经提前预料到了，因为它们只有事后才能验证。因此，我将此类事件称为**共时性**（synchronistic）事件，而不要将其与**同步性**（synchronous）事件相混淆。

如果不把所谓的占卜方法考虑在内，我们对这一广阔经验领域的考察将是不完整的。占卜方法即使没有实际声称能够产生共时性事件，至少也声称能让共时性事件为自己的目的服务。这方面的一个例子是《易经》的预言方法，赫尔穆特·卫德明（Hellmut Wilhelm）博士对此已有详细描述。《易经》预先假定，发问者的心灵状态与应答的卦之间存在一种共时性的对应。随意划分 49 根蓍草或者随意投掷 3 枚钱币，就会形成卦。这种方法的结果无疑非常有趣，但在我看来，它并没有为事实的客观决定提供任何工具，或者说提供统计评估，因为发问者的心灵状态模糊不清，极难确定。基于相似原则的风水实验也是如此。

如果转向占星方法，我们便处于一种更加有利的境地，因为它预设了行星的相位和位置与发问者的性格或当下心灵状态之间存在一种有意义的巧合。根据最近的天体物理学研究，占星学的联应可能不是一个共时性问题，而主要是一个因果关系问题。正如马克斯·克诺尔（Max Knoll）教授所证明的，太阳质子辐射会受到行星的相合、相冲和四分相的很大影响，以至于我们能以很大的概率预测磁暴的出现。我们可以确立地磁扰动曲线与死亡率之间的关系，这些关系证实了相合、相冲和四分相的不利影响以及三分相和六分相的有利影响。因此，这里可能是一个因果关系问题，即排除或限制共时性的自然定律的问题。与此同时，黄道各宫的黄道带限制（在天宫图中起重要作用）导致了复杂的状况，因为占星学的黄道带虽然与日历相符，但与实际的星座本身并不一致。自春分点位于白羊座零度（大约在基督公元之初）以来的岁差累积，已经使这些星座的位置移动了几乎整个柏拉图月周期。因此，今天（根据日历）出生在白羊座的人实际上都出生在双鱼座。只不过，他出生的这个时段在近两千年来一直被称为"白羊座"。占星学预先假设这个时代具有一种决定性。这种性质可能与地球磁场中的扰动一样，与太阳质子辐射所受的季节性波动有关。因此，黄道带位置也代表一个因果因素，这也并非不可能。

虽然对天宫图的心理学解释仍然很不确定，但今天的确有可能按照自然定律做出一种因果解释。因此，我们不再有理由将占星学描述为一种占卜方法。占星学正在成为一门科学。但由于仍然存在很大的不确定性，不久以前我决定做一次检验，看看公认的占星学传统能在多大程度上经得起统计研究。为此，必须选择一个明确的无可争辩的事实。我选择了婚姻。自古以来，关于婚姻的传统信念一直是，婚姻伴侣的天宫图中会有太阳与月亮的相合，也就是说，一方的轨道为 8 度的 ☉（太阳）与另一方的 ☾（月亮）（相合）。另一个同样悠久的传统将 ☾ ☌ ☾ 视为另一种婚姻特征。同样重要的是上升星座（Asc.）与日月的相合。

我和我的同事利莉亚娜·弗赖－罗恩女士首先收集了180对婚姻，也就是说，收集了360张天宫图，并且比较了可能是婚姻特征的50个最重要的相位，即☉、☾、♂（火星）、♀（金星）、上升星座（*Asc.*）和下降星座（*Desc.*）的相合与相冲。结果是，☾☌☉的概率最大，为10%。巴塞尔的马库斯·菲尔茨教授不辞辛劳地计算了我的结果的概率，他告诉我，我的结果的概率为1∶10000。我请教过几位数学物理学家，他们对这个结果的意义有不同的看法：一些人认为它值得注意，另一些人则认为它价值可疑。我们的结果并不具有决定性，因为我们总共只有360张天宫图，从统计的角度看太少了。

当我们对这180对婚姻的相位进行统计时，我们的收集范围扩大了，我们又收集了220对婚姻，并且对这组材料进行单独研究。和第一次一样，材料一到手就加以评估。材料不是用任何特殊的观点挑选的，而是有各种各样的来源。对第二组材料的评估结果显示，☾☌☾出现最多，达到了10.9%。这个结果的概率也约为1∶10000。

最后，我们又收集了83对婚姻，同样是进行单独研究。

结果是，$Asc. \circ \mathsf{C}$ 出现最多，达到了 9.6%。这个结果的概率约为 1∶3000。

令我们震惊的是，这些相合全都是**月亮相合**，这与占星学的预期相一致。但奇怪的是，这里出现的是天宫图的三个基本位置，即 $\odot$、C 和 $Asc.$。$\odot \circ \mathsf{C}$ 和 $\mathsf{C} \circ \mathsf{C}$ 同时出现的概率为 1∶100000000。三个月亮相合与 $\odot$、C、$Asc.$ 同时出现的概率为 $1 \colon 3 \times 10^{11}$；换句话说，它极不可能纯粹源于偶然，我们不得不考虑它是由其他某种因素引起的。这三组材料实在太少，以至于 1∶10000 和 1∶3000 的个体概率几乎没有什么理论意义。然而，它们极不可能同时出现，我们不禁认为有一个起推动作用的因素产生了这个结果。

占星数据与质子辐射之间可能存在一种科学上有效的关联，不能认为这种可能性是这一点的原因，因为 1∶10000 和 1∶3000 的个体概率对我们来说太大了，以至于只能把我们的结果视为纯粹的偶然。此外，一旦把婚姻分成更多组，最大值就会相互抵消。要想确立太阳、月亮和上升星座的相合等事件的统计规律，需要对数十万张婚姻天宫图进行分析，即使如此，结果也值得怀疑。然而，像出现三个经典的月亮相合这样不可能发生的事情，只能被解释为要么是有意或无意的欺骗，要么是一种有意义的巧合，即共时性。

虽然早些时候我对占星学的占卜性质表示怀疑，但做过占星学实验之后，我现在不得不重新承认这一点。我们所研究的婚姻天宫图是偶然安排的，它们来源各不相同，只是偶然被组合在一起，并以同样偶然的方式被分成数量不等的三组，然而，这种偶然安排却与研究者乐观的期望相一致，并且产生了从占星学假说的角度来看几乎无法改进的一幅总体图景。实验的成功与莱因超感知觉实验的结果完全一致，这些结果也受到了期待、希望和信念的有利影响。不过，我们对任何一个结果都没有明确的期待。我们选择了 50 个相位就是证据。我们在得到第一组的结果之后，确实有点期待 ☽☌☉ 会得到证实，结果却大失所望。第二次，为了增加确定性，我们又新增了一些天宫图，构成一个更大的组，但结果却是 ☽☌☽。对于第三组材料，我们只是有点期待 ☽☌☽ 会被证实，但结果仍然不是这样。

这里发生的事情确实很奇特，显然是有意义巧合的一个独特例子。如果有人对这样的事情印象深刻，可以称之为一个小小的奇迹。然而，今天我们不得不从另外一个角度来看待奇迹。莱因的实验已经证明，空间和时间以及因果性是可以消除的因素，其结果是，非因果现象（或可称为"奇迹"）似乎是可能的。所有这类自然现象都是独特的、极其奇特的偶然组合，通过其各个部分的共同意义结合在一起，形成了一个明确的整体。虽然有意义的巧合在其现象学中是无限多样的，但作为非因果事件，它们仍然构成了世界科学图景的一部分。我们用因果性来解释两个相继事件之间的关联。共时性指出了心灵事件与心灵－物理事件之间时间和意义的平行性，迄今为止，科学知识还无法将其归结为一个共同的原则。共时性什么也解释不了，它只是表述了有意义巧合的发生，这些巧合本身是偶然事件，但它们是如此不可能，以至于我们必须假设它们基于某种原则或经验世界的某种性质。我们无法表明平行事件之间存在相互的因果关联，这正是它们具有偶然性的原因。它们之间唯一可识别和可证明的联系是一种共同的意义或相似性。旧的联应学说就建立在这种关联的经验之上——该理论在莱布尼茨的前定和谐观念中达到了顶点，但也暂时告一段落，随后被因果性所取代。共时性共时性是联应、共感、和谐等过时概念的现代变异。它并非基于哲学假设,而是基于经验和实验。

是联应、共感、和谐等过时概念的现代变异。它并非基于哲学假设，而是基于经验和实验。

共时性现象证明了有意义的相似物在异质的、与因果无关的过程中的同时发生；换句话说，共时性现象证明，观察者感知到的内容可以同时由与之没有任何因果关联的外部事件来表示。由此可知，要么心灵不能在空间中定位，要么空间与心灵相关。这也适用于心灵对时间的决定性以及时间与心灵的相关性。无须强调，对这些发现的证实必定会产生深远的影响。

遗憾的是，由于演讲时间有限，我只能粗略概述一下共时性这一重大问题。若想更深入地探讨这个问题，请参阅我即将问世的一部作品——《共时性：心灵与外部世界的有意义巧合》。它的内容更加翔实，将与泡利教授的一部作品一起在一本名为《对自然的解释与心灵》（*The Interpretation of Nature and the Psyche*）的书中出版。

[全书完]

作者

卡尔·荣格
Carl Gustav Jung（1875—1961）

瑞士心理学家，精神分析学派奠基人之一，分析心理学创始人。荣格早年和弗洛伊德合作发展精神分析学说，后因学术分歧走上独立探索之路，创立分析心理学。

荣格强调个体潜意识的重要性，提出了许多重要概念，如共时性、集体无意识、原型、心理类型等。

其理论被广泛应用于心理治疗、人格心理学等领域，对后世心理学家影响深远。主要著作有《红书》《人类与象征》《金花的秘密》《共时性》等。荣格的学说深度融合西方心理学和东方古典智慧，为东西方文明对话开辟了独特路径，其思想持续辐射至哲学、宗教、艺术等多元领域。

译者

张卜天

现任西湖大学终身教授，曾任清华大学长聘教授，获得第七届单向街书店文学奖年度译者（2021年），第七届道风学术翻译奖"艾香德奖"（2020年）。译有近七十部著作，译文优美流畅，广受读者好评。

共时性

作者 _ [瑞士]卡尔·荣格　　译者 _ 张卜天

编辑 _ 王佳云　　装帧设计 _ 孙莹　　主管 _ 周奥扬
技术编辑 _ 顾逸飞　　执行印制 _ 杨景依　　出品人 _ 许文婷

营销团队 _ 王维思 谢蕴琦　　物料设计 _ 孙莹

果麦
www.goldmye.com

以 微 小 的 力 量 推 动 文 明

图书在版编目（CIP）数据

共时性：心灵与外部世界的有意义巧合 /（瑞士）卡尔·荣格著；张卜天译. -- 杭州：浙江文艺出版社，2025.5. -- ISBN 978-7-5339-7978-2

Ⅰ. B84-065

中国国家版本馆CIP数据核字第2025CX8500号

共时性：心灵与外部世界的有意义巧合
[瑞士] 卡尔·荣格　著
张卜天　译

责任编辑　汪心怡
装帧设计　孙　莹

出版发行　浙江文艺出版社
地　　址　杭州市环城北路177号15楼　邮编 310006
经　　销　浙江省新华书店集团有限公司
　　　　　果麦文化传媒股份有限公司
印　　刷　河北尚唐印刷包装有限公司
开　　本　770毫米×1092毫米　1/32
字　　数　87千字
印　　张　5.75
印　　数　1—5,000
版　　次　2025年5月第1版
印　　次　2025年5月第1次印刷
书　　号　ISBN 978-7-5339-7978-2
定　　价　45.00元

版权所有　侵权必究
如发现印装质量问题，影响阅读，请联系021-64386496调换。